HUANAN DIQU TESE
HUAJING SHEJI SHIGONG YU YANGHU

华南地区特色
花境设计施工与养护

阮　琳　刘兴跃　文才臻 编

华南理工大学出版社
SOUTH CHINA UNIVERSITY OF TECHNOLOGY PRESS

·广州·

图书在版编目（CIP）数据

华南地区特色花境设计施工与养护／阮琳，刘兴跃，文才臻编．—广州：
华南理工大学出版社，2018.5

ISBN 978-7-5623-5632-5

Ⅰ．①华… Ⅱ．①阮…②刘…③文… Ⅲ．①花园 – 园林 – 工程 – 研究 –
华南地区 Ⅳ．①TU986

中国版本图书馆 CIP 数据核字（2018）第 095875 号

华南地区特色花境设计施工与养护

阮琳　刘兴跃　文才臻　编

出 版 人：卢家明

出版发行：华南理工大学出版社

（广州五山华南理工大学 17 号楼，邮编 510640）

http://www.scutpress.com.cn　E-mail: scutc13@scut.edu.cn

营销部电话：020-87113487　87111048（传真）

策划编辑：范亚玲

责任编辑：朱彩翩

印 刷 者：广州商华彩印有限公司

开　　本：787 mm×1092 mm　1/16　印张：12　字数：261 千

版　　次：2018 年 5 月第 1 版　2018 年 5 月第 1 次印刷

印　　数：1～1000 册

定　　价：128.00 元

编 委 会

前　言

　　在城市高速发展的今天，都市生活水平不断提高，人们越来越重视自己的生活环境是否优美宜人，更重视城市生态环境的营造。如何使自然环境和社会环境达到和谐，也是学者们广泛关注的问题。植物资源作为城市绿地的基本元素，对改善城市生态环境起到至关重要的作用。除此之外，植物景观也是人们游憩时观赏的对象，它们点亮了城市环境，使城市富有生机与活力。但是千篇一律、没有生气的植物景观已经不能满足人们对户外景观的要求，而花境作为园林设计中的一种新兴形式则广受人们喜爱和关注。"花境"这一造景手法有着非常多的优势：花境景观自然，具野趣，在处处高楼大厦的城市环境中是一道独特的风景；花境的设计形式丰富多样，可以充分体现艺术美的价值，有的花境还能借助设计主题表达某种内涵，营造特定的气氛；花境中所应用的植物种类也非常丰富，在有限的空间中人们可以观赏到更多姿态各异的花卉植物，大大提高了其观赏性；花境的后期养护相对来说较为简单粗放，成本较低，符合当今可持续发展的建设理念。

　　花境起源于英国，是由修道院中的简单实用性植物种植发展到私家庭院中的植物景观设计，再发展成为公共场地的一种空间装饰方法。它的发展历史已经有上百年之久。我国的花境艺术自改革开放以来逐步发展，相关的理论研究及实践应用都逐步深入。如今在全国各地已经成为备受推崇的设计形式，在城市公园、城市广场、城市道路、居住区花园、酒店庭院等都有着广泛的应用。在北京、上海、杭州等地已有很多非常优秀的花境实例的应用。而华南地区由于具有独特且良好的自然气候条件，非常适合花卉植物的生长，因此应当大力推广花境的应用，营造季季有花、四季有景的城市景观。

　　花境的设计及营造需要经历几个阶段：从场地的勘察到方案设计，再到花境施工以及后期的养护管理。如今这些步骤的实施都已经有了较为成熟的理论支撑。本书首先介绍了花境的基本概念，详述了花境的发展历史；对不同国家和地区的花境特点做了总结归纳，为设计师们提供良好的借鉴素材和经验积累；针对华南地区特殊的自然条件，提出了适合华南地区花境营建的植物选材、设计形式、主题营造等；对花境的具体设计方法，从平面形式、立面层次、色彩应用、植物组合等方面进行了详细的理论讲述，并结合华南地区的实际花境案例加以分析，配以大量的实景图片，使得花境设计方法可以更直观、更简单地被读者所接纳应用；对花境的施工流程和方法进行了详细说明，并对花境的后期养护管理方法进行了详细阐述。

目　录

第 1 章　花境概述

1.1　花境概念

花境（flower border），也有学者将其译作"花径"。中外许多相关的专家学者都对其概念进行过阐述，并且有许多种表达方式。"花境"一词的诞生已经有一个多世纪，近年来世界各地越来越多的城市开始流行花境的营造和应用。花境最早从西方开始流传，十九世纪三十到四十年代的时候英国的草本花境就已经开始出现。那时候英国著名的造园师 Christopher Lloyd 和美国园艺和造景大师 Tracy Disabato-Aust 就提出了"混合花境"这一概念，大意为：混合花境就是用草本和木本植物作为基本素材，再用攀缘植物和观赏草等作框景，加上一两年生花卉、球根花卉和宿根草本植物作为春夏两季的开花植物，结合植物不同颜色、质地和株形来搭配设计，营造出全年都能有丰富变化的造型。

《花卉学》将花境定义为"模拟自然界林缘地带各种野生花卉交错生长的状态，以宿根花卉、花灌木为主，经过艺术提炼而设计成宽窄不一的曲线或直线式的自然式花带，表现花卉自然散布生长的景观"[1]。吴涤新在《花卉应用与设计》一书中提出："花境是模拟自然界中林地边缘地带多种野生花卉交错生长的状态，运用艺术手法设计的一种花卉景观，以宿根花卉为主，配以花灌木、一两年生花卉、球根花卉等，表现植物的个体美及植物组合的群体美。"[2] 王美仙等认为"花境是模拟自然界中各种野生花卉交错生长的状态，经过艺术提炼而设计成各种形状和规模的自然式花带"[3]（见图 1-1）。

由以上所列举的不同定义可以看出，我国对于花境一词还没有权威的定义。虽然学者们对于花境定义的文字表述各有不同，但是他们所表达的基本内容和主旨思想几乎一致，基本都涵盖了"多年生草本植物""带状种植""自然式设计""种植于路边、林缘、墙基、草坪等地"等关键词。而现代的花境设计应用范围更加广泛，如中央分

---

① 北京林业大学园林系花卉教研组. 花卉学［M］. 北京：中国林业出版社，1990.

② 吴涤新. 花卉应用与设计［M］. 北京：中国农业出版社，1999.

③ 王美仙，刘燕. 花境及其在国外的研究应用［J］. 北方园艺，2006（4）：135-136.

隔带、团状和岛状的花境节点等也是花境的不同应用形式。我们可将花境理解为，通过模仿自然林地边缘草花交错生长状态而提炼出的一种艺术的植物配置手法，其特点是植物种类丰富、观赏期长、层次多样、季相变化明显等，可应用于多种场地环境。

图 1-1　道路绿地花境

虽然目前对于花境的概念没有较为明确和严格的定义，但是对其概念主旨的理解不应与其他园林植物造景的应用方式相混淆。例如，花坛（见图 1-2）、花丛、花带（见图 1-3）等植物配置方式与花境的表现形式还是有区别的，有必要将其做一定的比较和区分。

花境的植物选材以宿根花卉为主，配以一两年生花卉、球根花卉，有时还会搭配不同种类的花灌木。大多花境都强调时间景观，即同一处花境能在不同季节表现出不同的观赏特点，所以植物选材也会考虑季相的变化性。这种多年生花卉不需要替换植

图 1-2　城市花坛

图 1-3 花带

物，能够自然地更替生长，这使得管理的成本相对较低。而应用于花坛的植物一般以一两年生花卉为主，花期较为集中，使得开花整齐。花色多追求对比鲜明、鲜艳的色块感。植物以低矮的为主，需要配合硬质花坛的造型、色彩等来选相应的植物材料。在构图设计方面，花境在平面设计中多为不规则的形状或者带状，轮廓以自然式为主，模拟植物的自然生长群落，没有明显的人工几何形边界。在立面上讲究层次感和高低错落的设计，一般有前景植物、中层植物和背景植物相互搭配，增强空间感和立体感，展现不同株形不同规格植物相互配合而呈现的群体美。花坛设计的构图通常比较规整，用不同花色、不同质地、不同高度的植物组合成有明显的几何外形的平面轮廓，比起立面上的设计，更为讲究平面形式的图案化。另外，花境应用于路边、中央分隔带、林缘、墙基、草坪、景观节点等地；而花坛多用于校园、公园、小区等的入口处，多为对称设计。大型城市广场及游园内部的小型铺装广场都可用花坛做空间分割，还可结合坐凳设计为可坐式花坛。路边绿化、交通岛等也多有花坛的应用。

花境和花带在平面布置方面都可设计为带状，但由于花境较为讲究立面上的层次感，所以多有不同高度不同株形的植物相搭配，以丰富立面效果。而花带只需要在平面上布置为带状，在立面上的植物高度没有特殊要求。相比花境，花带的植物季向性也不作特殊要求，多采用较为单一的观花植物。而花丛和花群同样是由某一种或某一类观花植物以丛植或群植的形式组合而成，强调植物的群体美，不需要丰富多样的前景或背景植物（见图1-4）。

图1-4　花境与花带的结合

花境是有别于花坛、花带等的特殊造景形式，它有着以下几个突出特点及优势。

（1）花境形式繁多，应用广泛

花境适用的场地类型有很多，且花境设计形式多种多样，具有生动自然、野趣浪漫等特点。在不同的场地如自然风景区、城市公园、私家庭园、水边沿岸等处都能够作为很好的景观元素进行应用。应用过程中结合实际场地的不同地形特点、不同景观需求以及不同主题定位，可以创造出丰富多彩的花境类型。现代城市中的人们接触的都是"钢筋混凝土森林"，非常需要自然的气息来缓和与打破这种环境，人们的审美情趣越来越偏向于返璞归真，而花境形成的沿着长轴方向逐渐演进的连续动态构图形式，能满足人们的审美需要。花境在草坪、林缘、墙垣、道路旁等都可以呈现出不同的风格，还可以根据花境植物色彩和季相变化设计带有主题形式的花境，以满足不同功能绿地的需求。目前，我国大型城市不只在新建绿地中运用花境来丰富景观，也在原有建成的绿地中适当地进行改造，增加花境的应用，这使得城市绿地被注入了新的亮点和活力。

（2）花境采用自然式种植

花境的自然式种植是指花卉植物的布置形式和灵感来源于自然环境，遵循植物自然生长的规律。如此一来，无论在花卉植物的搭配形式上还是植物的外观形态上都与大自然中的景观保持一致。自然界的植物生长高低错落，花境的立面设计也非常重视追求层次感；自然界中的植物群落疏密有致，花境的植物组团之间同样追求韵律与尺度自然的组合。

（3）植物种类丰富，花境景观具有多样性

花境的植物选材不仅仅局限在传统花灌木和小型常绿植物，还有一两年生草本花卉、多年生花卉、多年生草本花卉、宿根花卉及球根花卉等，有的花境中还应用了竹类植物以及各种观赏草。由此可见，适合用作布置花境的植物材料种类相当丰富，有部分花境作品中选用的植物种类多达六十多种。花境中不同植物之间的搭配形式多样，可以根据植物的色彩、质地、大小等合理组合配置出精彩的园林景观。将如此丰富的花卉植物混合配植在一起，无论在花境平面上还是立面上都有着突出的优势：平面上合理搭配不同色彩、不同质地、不同形态的植物能够利用它们之间的对比和调和来增强花境的层次感；立面上将不同高度、不同长势的植物合理配置也能够很好地丰富景观层次，充分展现植物群落优美的竖向线条的起伏，展示自然之美，使得景观效果丰富多彩。多种类型的植物材料合理搭配，既丰富了景观色彩，又使得景观形式变化无穷。

（4）花境观赏期长，景观随着季相不同而变化

花境大多以宿根花卉为主，配合点缀一两年生的草本植物，因此一个搭配合理的花境作品，其所带来的景观效果一般可以保持好几年，由此花境具有观赏周期长且景观相对稳定的特点。植物生长过程中也会形成具有动感变化的季节性景观，从而形成不同季节的景观变化。所以在选择花境植物时需要考虑到花境的季相性。通常来讲，在不同季节，花境中要有三到四种花卉植物作为主调开放，这样在不同季节观赏花境都会有新颖惬意的美感。花境不仅可以展示出植物本身的生长姿态特征，同时在一年四季都有丰富的景观变化。

（5）花境具有较高生态价值

生态价值是指花境中的不同种类植物搭配种植，营造优良的生物群落，和谐处理物种之间的关系，创造适宜的生态小环境，改善局部微气候。

（6）易于管理，维护费用相对较低

花境中的植物通常选用宿根花卉作为主要植物，花灌木或一两年生草花为次要植物。原因是宿根花卉的生长周期比其他花境植物长，因此栽植的宿根花卉不需要换花就可以多年观赏，且在不同季节中景观相对稳定。与花坛和花带相比，花境后期养护管理较为粗放，所投入的管理、维护等费用要少许多。后期养护管理中，只需要进行

比较基本的灌溉和中耕除草，及时修剪混合花境中的花灌木，及时对花期过后掉落的花瓣进行清扫即可。另外，由于花境中的植物多用抗逆性强、适合在选址地生长的多年生本土植物，因此花境具有成本低而效益高的特点。

总而言之，花境不但增加了城市景观的多样性，还体现了如今所大力提倡的节约型园林理念，是非常值得在城市绿化中大力推广的园林造景形式。

1.2　花境历史发展

花境设计与园林景观设计，是在不断学习、汲取、沉淀、传承、融合、创新的过程中逐渐发展的。研究花境的历史发展有着非常重要的理论指导价值和实践意义。对花境发展历史的研究能够极大地帮助设计师们借鉴和汲取世界花境形成和发展的基本脉络，学习借鉴花境创作理念和形式。但目前的历史资料中没有对花境的形成发展作专门的归纳介绍，只在一些相关文献中有个别段落或语句的涉及。

花境有着十分悠久的发展历史，它最早起源于英国的私家花园。英国当时的社会历史背景、使用的植物种类、景观设计师和花园设计的风格等都对花境的形成发展起到一定的作用。我们可以将英国的造园史与其花境的发展演变结合来看。

在中世纪初的西方国家，基督教广泛传播。文献中最早记载的花园出现在寺院、修道院等与宗教有关的建筑中。英国人在修道院的庭院大量种植蔬菜、草药等植物来为当时的僧侣提供食物和药材（见图1-5）。此时庭院中的这些实用性的植物种植便

图1-5　修道士在抬高的种植床中种植植物

图片来源：王美仙，《花境起源及应用设计研究与实践》

成为英国园林的最初形态。当时的人们种植植物仅仅是利用它们的食用价值和药用价值。Rosemary Verey 在 *Classic Garden Design* 一书中指出："修道士在九世纪初就已经开始在抬高的方形种植床中种植植物，但是种植这些植物的目的是为了采摘使用而不是观赏。这些花卉植物种植得都较为稀疏。"①

这个时期的花园中野生植物和人工栽培植物都有出现，逐渐形成了以后花境中植物自然混植搭配的基本特征。除此之外，这个时期人们经常使用的植物品种也为以后的花境发展植物种类的选择奠定了基础。

人们对植物观赏和装饰作用的关注程度越来越高，到了文艺复兴时期，黑暗的宗教统治由于受到意大利文艺复兴的影响而备受打击，最终被人们冲破。文艺复兴思潮的影响以及越来越有效的园艺工具使得人们对园林艺术更加精益求精，更加青睐于细致精美的花园。于是，花结花坛（knot garden）便诞生了。花结花坛作为观赏性和装饰性的植物种植方式广泛应用于英国的花园中。所谓花结花坛就是将绿色植物人为修剪成规则式的立体几何图案，种植在草坪上或沙砾中，还可在其中种植不同花色的花卉或是用砾石作为点缀和填充。花结花园的植物种植在规则的小种植床中，这样可以有效地利用空间。由于几何图案的营建需要一个明确的植物边界，各株植物不超出限定的空间，使土壤不至于滑离种植床，人们为了固定其边缘处的形状，开始用不同的材料来为花坛镶边。这些镶边的材料可以是硬质的砖块、木头等，也可以是不同种类的植物。较为常用的有黄杨属、石蚕属、神圣亚麻属等。这种通过种植修剪过的常绿植物作镶边称作"border"，其中图案镶边称为"thread"。*Classic Garden Design* 一书中指出："十六世纪时，花结花坛经常由连续的、相互交错的草本植物组成的'border'所环绕，'border'是花结花坛的框架。"②*Best Borders* 一书中提出："'border'一词最早的时候是指花结花坛边缘的一种镶边，十八世纪的花境是种植花卉来近距离观赏的景观营造手法，与当今的花境不同的是，它并不是为了创造大尺度的景观效果或者用不同色彩、质地的花叶相搭配以追求群体美的手法，只是简单的花卉植物种植（见图1–6）③。"所以这时候的"border"与我们当今的"花境"还不是同一种植物景观设计形式。但是当今的花境正是由"border"一词演化而来。

---

① Rosemary Verey. Classic Garden Design［M］. New York：Random House，1989.

② Rosemary Verey. Classic Garden Design［M］. New York：Random House，1989.

③ Tony Lord. Best Borders［M］. London：Frances Lincoln Ltd.，1994.

图 1-6　莫斯利古宅结节园中的"border"和"thread"
图片来源：王美仙，《花境起源及应用设计研究与实践》

　　十七世纪开始，英国的园艺艺术很大程度上受到国外造园思想的影响。这时的宫廷贵族们欣赏法国凡尔赛宫的恢宏气势，但却从来没有见过如此大规模的花园。拥有像凡尔赛宫一样气派的花园便成为富人们的梦想。到了十七世纪晚期，用于固定植物边缘的方式也发生了变化。不再像以往使用简单的一排绿篱植物作"border"，而在绿篱中加入了一些花卉植物作点缀。常用的花卉植物有郁金香、花贝母等。这些花卉植物与原本的绿篱共同组成了花坛的"border"，也就是所谓混植的形式。这便开始有了如今花境的影子。为了留出种植宿根草本植物和花灌木的空间，逐渐出现了混植的形式。威廉和玛丽的宫殿花园就是这种种植形式（见图1-7）。

图 1-7　威廉和玛丽的宫殿花园
图片来源：王美仙，《花境起源及应用设计研究与实践》

伍里奇（John Worlidge）指出"border"是花坛的镶边。约翰·瑞（John Rea）在讲述一块靠建筑围墙的方形小花园的设计时建议在中央营建"bed"，在围墙边设置"border"，且二者高度应该一致。"border"的种植不宜过密且应该用木板进行镶边。他还推荐了"border"中适宜种植的植物如剪秋罗属、报春花属、獐耳细辛属、紫罗兰属、桂竹香属等，番红花属的植物作为镶边效果尤佳。在"bed"内部可以种植百合属、郁金香属、水仙属、鸢尾属等植物。这一时期花卉植物引种和培育的工作也在持续开展，引种培育的植物大多从意大利、北美、南美等国家获得。市场花卉也在这个时期出现，例如毛茛属、石竹属的植物，还有风信子、郁金香、西洋樱草、报春花等植物。这时花园中的植物种类与十六世纪没有太多改变。除此之外十七世纪末期的常用植物种类还有香豌豆、水仙花、石蒜科朱顶红属、番红花属、仙客来属、葱属、锦葵属的植物。夏季观花植物如羽扇豆、轮峰菊、飞燕草、矢车菊等。该时期花园的特点之一还有雕塑艺术和整形艺术的融入。例如人物雕塑和飞鸟雕塑等常常出现在花园当中；常绿植物也被人为地修剪成尖塔形或圆柱等立体几何形状，充满了人工干预的色彩。综上所述，这一时期的英国花园受到法国与荷兰园林的影响，追求规则式几何花园与大尺度园林景观，花卉植物的应用种类有所增加。"border"虽然还是作为花坛的一种镶边形式，但是其营建形式有了较为明显的转变，由原来修剪整齐的单一绿篱植物带的形式转向有其他花卉植物稀疏种植其中的混植形式。这种混合种植的形式虽与当今花境尚有不同，但已经具备了花境的雏形。

进入十八世纪，由于资产阶级兴起，人们在反对专制的同时追求自由与平等，开始崇尚自然，敬畏自然。由此景观设计师在这个时代也非常受人们推崇。蒲伯有一句经典语："风景园林师是全面思考空间的天才。"那时候出现了很多田园诗人和画家，他们推崇模拟自然造园，极大地推动了英国自然式园林的流行和发展。乡村景观流行起来，辽阔的草原、蜿蜒的溪流、诗意的湖水、茂密的森林成了人们追求的目标。原本规则式的图案种植方式渐渐失去热度，用砖石等来做花坛镶边（border）也开始逐渐减少。这一时期的"border"已经慢慢与花坛分离，不再作为花坛的镶边，花卉大多种植在尺度较小的花园中作为点缀，或是在用墙体围合的花园中，将花卉以"border"的形式沿着墙基处种植，并采用混植的方式，成为一种较为独立的花卉造型，称作花境（flower border）。这个时候的"border"便有了如今所谓花境的样子，是花境的初级形式。乔灌木的搭配开始注意高低层次，原本高度一致的、整形修剪的绿篱逐渐演化为高矮依次排列的形式。人们配置植物的时候遵循着一个中心理念：植物的种植需要按照高低等级来排列（如影院中的座位布置一般），较为低矮的植物放在最前面，最高大的乔木布置在后面，逐级递增（见图1-8）。

图 1-8 分级种植示例

图片来源：王美仙，《花境起源及应用设计研究与实践》

　　这一种植方法受到了当时很多园林师如理查德·布拉德利（Richard Bradley）、托马斯·费尔柴尔德（Thomas Fairchild）、贝蒂·兰利（Batty Langley）的认可。这种分级理论同样应用于该时期最初的花境布置，且花境植物的种植依然沿用了规则式的特点，每一种花卉都布置在设计好的方格网中，定位明确（见图 1-9）。

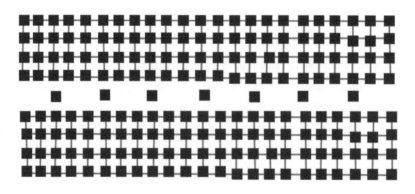

图 1-9 呈网格布置花卉的花境示意图

英国小镇古德伍德（Goodwood）东南墙基处的花境是经典的花境初级形式，这一经典长花境中的植物种植除了使用该时期所倡导的植物分层理论和混植的方式之外，还开始注意到韵律和节奏的美学原理，这些都成为传统花境的重要特征。这一花境是最先开始尝试跨季节种植的，设计师希望花境拥有不止一季的花卉观赏效果，开始注重季相效果，使得草本花境迈出了相当关键的一步。自此，之前用只能作单季观赏的花卉植物设计而成的花结花坛逐渐被可以多季观赏的、自然种植的花带所代替。花境的观赏期延长为三到九个月不等。而造园师们如果要想保持多个季节都有连续的花期，就必须增加花卉的多样性。因此，花境设计开始重视季相效果，对花境的发展有着重要的意义。综上所述，这一时期规则式园林逐渐被自然风景园林取代，人们更加欣赏自然的草原、湖泊和森林。花卉植物大多被种植在小尺度花园或以"border"的形式沿墙种植，不再作为花坛的镶边，成为独立花境的最初形式。但这种花境仍然沿用规则式种植。花境在这一时期得到了突破性的发展，除此之外，植物分层理论、自然式布置、节奏与韵律、混合种植、追求多季观赏等都在花境的设计中不同程度地体现。当今的花境设计虽然在形式和植物种类方面比那时丰富得多，但是设计思想都源自这一时期。

十九世纪，花园设计形式较之前明显增多，出现了法式、意大利式、结构式、几何式、乡村式等。这个时期还有相当多的廉价劳动力，加之机械化的大型花园作业，保证了花园高质量的后期维护，使得花园可以保持高品质造型。草坪、花卉、树木的长势较之前更好，多种引种植物使花园增加了异国风情，假山的尺度更大，花坛也更加丰富多彩。也有相关记载指出这个时期的花园又回归了规则图案式设计以及数字模块化的布置，花坛这一园林要素在当时也遭到了一些园艺学者的反对。在经历了园林景观由大量花坛及花卉植物组成的时代之后，造园师们也在努力寻求另一种较少使用规则式的造园手法并采用更加自然的种植方式。另一方面，由相关学者推荐的诸多耐寒耐旱的植物并不适合成行成列地种植在规则的种植床中。但是如果将这些耐寒耐旱植物种植在无人管理的荒野中，似乎也不合适。因此混合花境的种植形式就在这种特定的需求背景下诞生了。在混合花境中不仅能够种植传统的宿根花卉，还可以种植一两年生花卉，更重要的是给新引进的耐寒植物提供种植空间。混合花境的诞生无疑是花境历史发展中的又一项重要突破，也是当今花境的基础，为当今花境提供了非常好的设计借鉴。

二十世纪初期，英国花园提倡将多年生花卉、花灌木以及野生花卉以更加自然的方式进行种植。不再讲求规则的园林植物配置方式，而是从艺术视角出发。受这一设计思想影响，此时期涌现出一批重要的造园大师，他们在花园景观设计、花境设计以及植物配置上极具影响力，他们不同风格的设计极大地促进了花境的发展。杰基尔（1843—1935）出生于伦敦，幼年成长于色雷。1861 年，17 岁的杰基尔回到伦敦，开始在南肯星顿艺术学校（South Kensington School of Art）学习艺术设计，她痴迷于色彩理论、装饰和艺术史。早期的艺术教育使得杰基尔对色彩理论有了较为深刻的理解，特别是特纳色彩的运用对她后来的造园风格产生了十分重要的影响。杰基尔在 30 多岁视力开始逐渐衰退，于是她投身于花园设计工作。她将早些年学到的色彩艺术运用到花境的设计当中。杰基尔运用的色彩大多较为温和。她喜欢用灰色叶子的植物来衬托其他颜色的植物。杰基尔或许可以称得上是第一个主张在花境设计中重视色彩应用的造园师，她认为不仅是花卉的色彩，植物的叶色也是值得关注的。在花园中将不同植物的叶色和叶形进行合理组合，用大约 45° 的"飘带形"（drift）平面构图方式来种植花卉植物，这样可以让不同植物团块之间相互重合，以凸显优美的植物景观，同时隐藏观赏效果不佳的景观，且具有流动感（见图 1-10）。

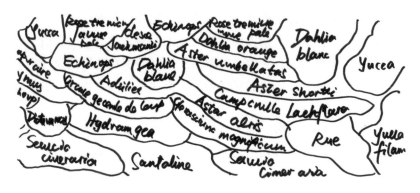

图 1-10　杰基尔式飘带形花境平面组团

1939 年爆发第二次世界大战之后，花境设计风格和花境中植物种类的选择也发生了一定程度的变化。设计方法方面，造园者们不再仿照杰基尔式的精细造园方法，即用仔细的结构设计和材料布置来追求微妙的节奏、韵律以及色彩的变化，取而代之的是大手笔的曲线团块。在选用的植物种类方面，凡是依赖较多后期维护管理的草本植物都很少出现。因此宿根花卉、一年生花卉开始被不需要过多后期养护的灌木代替。苗圃工作者阿兰·布鲁姆（Alan Bloom）在自己住处设计了布莱星翰花园（Bressingham Hall），这也是一处经典花境，花境采用了岛状设计（island beds）的思路，为传统的花境设计提供了另外一种选择。但是这种设计与十八世纪出现的岛状花坛完全不同。原先的岛状花坛是将大量的植物种植在较大的组团中，而阿兰·布鲁姆的设计面积较小，这使得阳光与空气可以进入到每个植物组团，从而大大促进了植物的生长。随着二战之后社会经济的逐渐复苏，草本花境、混合花境再次出现在英国花园。当时比较有代表性的是班普顿庄园中的对应式花境。虽然花境中的花卉植物具有非常高的观赏价值，但花境的选址也是相当关键的。蒙斯特伯爵夫妇的花境布置于草坪中间，背景巧妙地运用了爱尔兰紫杉做成的绿篱（见图 1-11）。

图 1-11　班普顿庄园中的对应式花境

图片来源：王美仙，《花境起源及应用设计研究与实践》

图 1-12　阿伯顿宅邸的对应式花境

图片来源：王美仙，《花境起源及应用设计研究与实践》

阿伯顿宅邸（Upton House）中的对应式花境，是由一条草坪道路分隔为两部分，地块具有高差，是一处坡地。下坡通往阿伯顿宅邸的湖，相邻于菜园。独特的高差与鲜艳的花卉植物搭配成为这个花境最大的特点。花境中用到蓝色风铃草、婆婆纳、鸢尾、花葱、飞燕草、罂粟属的植物等。每年7月是这处花境的最佳观赏期（见图1-12）。还有赫德宅邸（Westwell Manor）中的一处对应式花境，由安西娅·吉布森（Anthea Gibson）设计。她运用了百合、天竺葵、石竹属、乌头属、独尾草属、羽扇豆属、博落回属等植物，发挥了这些植物之间枝叶与鲜花组合的效果，另外还搭配了观赏草，营造出灰色与蓝色相结合的轻快景观（见图1-13）。

图1-13　赫德宅邸的对应式花境

图片来源：王美仙，《花境起源及应用设计研究与实践》

综上所述，二十世纪初期，工艺美术运动对英国景观设计产生了重要影响，设计在考虑艺术形式的同时也更加重视其功能性是否得到了正确的发挥。园林在这一时期更多的是为公众服务。居民们聚会、休闲、娱乐的公园以及公共绿地是该时期发展的产物。原本属于皇家以及贵族的古典园林也逐渐对公众开放。而造园艺术也融入了普通百姓的生活，以前至少要有上百亩面积的花园才值得专业的造园师们设计，而如今设计师们也愿意为普通百姓设计中等尺度及小尺度的花园。混合花境、草本花境成为这一时期的主要类型。第二次世界大战的爆发使得当时许多花园变得萧条，无论是规模还是投入的资金都不如从前。所以追求建造及养护成本低的花境，用最小的投入获取最优的景观效果成为所有园艺师们共同追求的目标。因此灌木花境成为二战后一段时期的主流花境类型。随着时间的推移，经济逐渐复苏，这时混合花境、草本花境又重新出现在英国花园中。花境作为英国花园的主要设计元素，一直都有保留，只不过经历了一些变化。

　　1960 年以后，花境在色彩设计方面经历了一些偏好上的变化。其中园艺师德斯蒙德·安德伍德（Desmond Underwood）倡导用有银白色叶子的植物作为其他花卉的陪衬，用这种方式凸现花境的整体色彩，而不是只有通常的粉色、蓝色和紫红色。较为稳重和柔和的色彩被许多园艺师所推崇。到了 1980 年，一些热烈、鲜艳的色彩被人们所喜爱。这时的人们喜欢尝试夸张的色彩设计，如紫色与橙红色、蓝色和黄色等对比色的应用。这种设计有着丰富的色彩搭配，较之单一色彩的杰基尔式花境更为流行。花境在这一时期越来越多地出现在英国花园中，无论在富人还是普通百姓中都得到了青睐，由此创造了许多不同形式、不同风格的花境作品。1994 年由英国的园林师金斯伯瑞（Noel Kingsbury）设计的考利（Cowley）住宅花园，其精心搭配的花境景观介于传统花境与野花草地之间。与传统的装饰性花境不同，这种自然的花境允许游人进入，可以更近距离地感受到花境色彩与光影的美妙变化。另外他还致力于探索植物景观与生态效益相结合的可能性以及绿地后期养护的经济性。这在当时已经是非常前沿的思路。

　　花境成为现代英国花园的主要元素，并在全世界得到了广泛的认可。相关的专业出版物不断增多，国际上关于园艺专业的交流增多，旅游业的不断发展使得英国的花境设计经验传向国外。如今的英国花境景观在德国、澳大利亚、美国、加拿大、法国、瑞士、中国等国家都可以见到。我国在二十世纪七十年代引入花境，对其研究大约始于二十世纪九十年代。在杭州花港观鱼以及上海龙柏花园饭店等处都可以见到花境的应用。随着时代的发展，花境这一园林艺术形式得到越来越广泛的推广，相关研究也逐渐深入。目前我国主要从花境的分类、设计方法、植物材料运用、施工及养护、花境评价体系等方面展开研究。其中王美仙详细整理了花境的发展脉络，总结提炼了花境设计方法，并且指出持久型、低养护的混合花境形式或将成为我国花境的发展方向 [①]。

1.3　花境的类型

　　花境的类型多种多样，可依照不同的侧重点将花境分为多种类别。随着花境艺术的发展，其分类也越来越精细化。当今主要的分类依据有植物材料、植物附加功能、花境观赏特性、花境立地环境、应用场所等。

1.3.1　按照植物材料分类

　　按照植物材料的不同可将花境分为草本花境、灌木花境、混合花境以及专类植物花境。

---

① 王美仙. 花境起源及应用设计研究与实践 [D]. 北京：北京林业大学，2009.

草本花境（见图1-14）主要由一两年生花卉和多年生花卉组成。一两年生花卉通常春季播种，夏秋季开花结果，入冬前便会枯萎死亡，只有短短的一到两个生长周期，一年生花卉为一个生长周期，而两个生长周期的花卉称作两年生花卉。大多数一年生花卉的原产地是热带或亚热带，因此一般不耐0℃以下的低温。一年生花卉多数是喜阳植物，对土壤的要求一般比较高，土壤的排水条件要好，且要比较肥沃。一年生植物的花期也可以通过人工方式进行促控。例如，使用生长调节剂、改变光照条件、调节植物播种期等。一年生花卉中较典型的如百日草、凤仙花、牵牛花等。有些植物在生长过程中被霜害等外在因素影响导致死亡，虽然这并非自然死亡，但园艺上也将此类植物作为一年生花卉，更有将部分无论死亡与否，只要在播种后当年开花结果的植物作为一年生花卉，如美女樱、藿香蓟、紫茉莉、金鱼草、矢车菊等。两年生花卉播种后的第一年大量生长，但是只会形成营养器官，它们的开花和结实在第二年进行，之后便会凋零死亡。但也要注意区分两年生花卉和冬性一年生花卉，二者有着比较明显的区别，后者是在苗期越冬，第二年春季开始生长。有些植物虽然被当作两年生花卉进行栽培，但它们实际上却为多年生植物。这样的植物有三色堇、蜀葵等。两年生花卉原产地大多在温带或寒带地区，因此它们耐寒性相对较强，不耐高温。通常秋季时播种，植物露地越冬或者人为稍加覆盖层越冬。苗期需要短日照的条件，在低温下经历春化阶段。相反，它们的成长期却需要在长日照的环境条件下才能开花。种子繁殖是一两年生花卉的优势，由此带来的好处是它们的繁殖系数较其他植物来说相对较大，从播种到开花的生长周期短，能够快速形成良好观赏效果，经营周转快。但同时，它们的花期较短，在后期管理方面也较为困难。多年生花卉指的是植物寿命超过两年并且能够多次开花结果的花卉。根据植物地下部分的形态变化，又可以将多年生花卉分成两类：宿根花卉和球根花卉。地下部

图1-14　草本花境

分不发生变态的植物是宿根花卉，包含萱草、红花酢浆草、黄花石蒜、玉簪、芍药等。地下部分变态为不同形状的植物为球根花卉，根据其形状的不同又可以进一步分为鳞茎类、球茎类、根茎类、块茎类、块根类五个类别。草本花境的四季景观效果明显，也是英国传统花境的最初起源形式。

　　灌木花境（见图 1-15）采用的植物材料主要是小型花灌木，此类花境的植物群落拥有很强的稳定性，后期管理养护起来相对容易，并且由于可以多季生长，使得灌木花境景观的季相变化非常丰富。

图 1-15　灌木花境

　　混合花境（见图 1-16）中，耐寒的宿根花卉通常作为主要的植物应用材料，其他类型的植物如球根花卉、一两年生花卉以及花灌木和小乔木等作为辅助材料应用。花境中的植物种类丰富，全年都有景可观，观赏周期长，养护管理也相对简便。混合花境是我国目前应用最广泛的花境类型，在华南、华东、西南等地区都可看到混合花境的实践，多应用于居民区和市政园林景观中。混合花境最早可以追溯到十九世纪，那时的人们极力寻求源于自然、尊重自然的风景园景观，因此诞生了混合花境的雏形。1957 年，英国造园师克里斯托弗·劳埃德（Christopher Lloyd）首次提出了"混合花境"的理念[①]。这类混合花境以中小型花灌木充当背景，综合运用各种不同种类的植物，集合各类植物的优点，巧妙搭配，使得花境具有极佳的观赏效果。

---

① 顾颖振. 花境的分析借鉴与应用实践研究［D］. 杭州：浙江大学，2006.

图 1-16　混合花境

专类植物花境具有一定科普的作用，花境中的植物材料通常为同科同属异种或同科同种属不同品种，集中展示同一属具有观赏价值的花卉。其观赏季节集中，养护简单。应用比较广泛的有芍药花境、牡丹花境、玉簪类花境、鸢尾类花境等。

1.3.2　按照植物附加功能分类

按照植物的附加功能可将花境分为芳香花境，食用、药用花境，生态花境。

芳香花境（见图 1-17）是以芳香性草本植物及花灌木为主组成的花境类型。芳香植物是指植株部分或全部器官能够散发香气的植物种类。与其他花境不同，芳香花境除了能够在外观上展示植物的形态、质感、色彩，给人以视觉观赏的同时，还可以使人们用嗅觉来体验花境的美。不同感官的冲击给人创造了足够的想象空间，渲染了美好的景观气氛，在哲学上体现了天地合而万物生的观点，同时使得"景有尽而意无穷"。除此之外，大多数芳香植物还具有驱蚊驱虫、净化空气、保健等功能。其实约在公元前 670 年的时候，国外就用芳香植物来美化环境了，最开始的芳香植物被用作杀菌消毒、镇静安神。在中国的《神农本草经》等医学著作中就记载了植物的芳香功效。例如，桂花的香气沁人心脾，能够缓解人们精神压力，同时也有清肺的功效；薄荷的香气清凉怡人，可以止咳祛痰；菊花的香气能够缓解感冒、头痛、头晕症状等。现阶段我国的芳香花境以芳香植物专类园为主，使用大量草本类的芳香植物。但也应当注重与花灌木、小乔木等其他类型植物相搭配，创造更加稳固的效果，增加花境层次感，避免冬季时花境植物大面积凋敝而出现景观断层现象。不可只注重芳香植物的功能而忽视了观赏效果和景观质量。常规的芳香花境通常存在植物生命周期较短的缺

点，想要持续让花境发挥景观作用，就需要较勤快地替换花卉植物，因此芳香花境的
后期养护成本通常较高。

图 1–17　芳香花境

图片来源：Richard Bird，*The Border Planner*

食用、药用花境（见图 1–18）是指以食用或药用植物材料为主的花境。这类花
境具有极高的科普教育价值。一直以来花卉多以其绚烂妩媚的风采点缀着人们的生
活，但实际上花卉不仅仅具有观赏价值，还有食用和药用价值，"食花"也是我国悠久
的文化传统。在人们厌倦了餐餐大鱼大肉的现代社会，花卉食品成为 21 世纪新的食品
潮流，国内外的诸多鲜花餐馆生意兴隆，很多酒楼都将花菜作为特色菜强烈推荐。花
卉除了"可看"的功能之外，"可食"的功能也逐渐被人们所称道。当今花卉可谓健康
无污染绿色食品，并且其营养价值也是非常高，富含多种人体可以吸收的物质，有些
花卉的蛋白质含量甚至超过了牛、羊肉。像菊花、紫罗兰等植物的花朵对人们大脑的

图 1-18 食用、药用花境

图片来源：Richard Bird，*The Border Planner*

发育有许多益处。蒲公英的花蕾中也富含丰富的维生素 A、维生素 C 以及矿物质。白花杜鹃中的维生素 B6 含量几乎超过目前已知的其他植物。花卉植物的药用价值也是显而易见，两千多年前我国就有许多花卉入药的记载。《全国中草药汇编》中列举的超过两千种药物里面，花卉占了三分之一的数量。例如，金银花清热解毒，梨花清热化痰、栀子花清肺凉血。将这些具有实用功能的花卉植物经过精心的设计组成食用、药用花境，使得植物的实用价值及观赏价值同时得到发挥。

生态花境（见图 1-19）是与其他景观要素相协调，共同构成净水、节水生态系统的花境类型。在越来越提倡园林城市、海绵城市，越来越注重景观生态效益的今天，花境的生态效益也是大家极力追求的目标。其中许多混合花境在设计时就考虑到了生态性，在水平结构上组成一个个斑块，也就是比较微观的植物群落组合，在竖向层次方面从上到下分为乔木层、灌木层和地被层，层次明显。这样的竖向结构保证了阳光能够大量照射到上层的乔木，中间的灌木层也能够高效地使用乔木枝叶间投射下来的阳光，而草本层则利用乔木和灌木间渗透的阳光以及其下的弱光，使得植物对空间的资源利用更加充分。群落的结构层次越复杂，对环境资源的利用率越高，植物生产的有机物质也越多。另外，花境结合雨水花园的形式，采用多种耐水湿植物的组合，再配以其他技术手段，减缓雨水径流的速度，净化水质，实现雨水二次利用，实为值得推崇的生态花境类型。

图 1-19　生态花境

图片来源：Richard Bird，*The Border Planner*

1.3.3　按照花境观赏特性分类

根据花境不同的观赏特性，又可以从观赏角度、花色、花期进行细分。

按照植物观赏角度的不同，可以将花境分为单面观赏花境、双面观赏花境以及独立式花境。

单面观赏花境（见图 1-20）是仅供游人从一面进行观赏的花境，设计无需考虑环绕花境 360° 的观赏效果，只需从一面观赏时层次丰富、合理美观即可。单面观赏花境一般布置在区界边缘，需要有背景衬托，可以是绿篱、树墙，也可以是装饰围墙等。通常有前景、中景、背景的花卉层次，前低后高，保证植物开花时互不遮挡。

图 1-20　单面观赏花境

双面观赏花境（见图 1-21）是可供人们两面观赏的花境，一般应用于分车隔离带或绿地树丛中，两侧有比较开阔的空间。双面观赏花境在竖向设计上通常为中间高，两边低的形式，因为这样能够保证花境植物整体高矮尺度搭配适宜，富有变化。

图 1-21　双面观赏花境

独立式花境（见图 1-22）的景观表现力最好，是能够独立成景，可以 360° 进行观赏的花境类型。一般将独立式花境布置在人流量较为密集的区域，如各级园路的交叉口、公园中的景观节点、主题广场、开敞草坪等。独立式花境自然又活泼，所选植物的花色通常比较艳丽，能够很好地点缀环境。

图 1-22　独立式花境

按照植物花色的不同可以将花境分为单色花境、双色花境以及多色花境。

单色花境是由花色相似的花卉植物所组成，这类花境的出现频率不高，一般为了突出强调某种色调，渲染特定的气氛或是在特殊场合使用；也可以强调季相效果，体现浪漫的格调，如秋天的金黄、早春的鹅黄等。双色花境是由两种花色组合而成的花境，一般采用对比色或互补色的搭配手法，这类花境的色彩一般较为鲜明艳丽。多色花境是由3种或3种以上色彩的花卉组成的花境，是常用的花境类型。多种色彩的运用能够营造花境热烈、欢快的气氛，具有视觉冲击力。但要注意依照周围环境及花境的尺度来选择颜色的数量，若花境尺度较小却选择了较多种的色彩，会使花境产生杂乱感，起到相反的效果。

按照植物主花期所在季节的不同可以将花境分为早春花境、春夏花境以及秋冬花境。

早春花境主要由盛花期为早春1到3月的植物配置而成，也称为单季观赏花境。但实际上大部分的花卉植物花期在5月初。一些早春开花并且花色丰富、美观，花期长的宿根花卉或是自播能力强的花卉若能合理利用，能够在5月前就营造良好的景观效果，延长绿地景观的观赏期。

按照植物主花期的长短可将花境分为节庆性花境和日常性花境。

节庆性花境是指为了迎接重大节日或重大事件所布置的花境，其植物开花时间相对较短且较为集中。日常性花境是指用于日常观赏的花境。按照花期的长短可将日常性花境分为一级、二级和三级花境。一级花境花期应不少于300天，这就基本达到了四季有花的效果；二级花境花期应不少于210天；三级花境花期应不少于120天。

1.3.4 按照花境立地环境分类

根据花境不同的立地环境，可以从光照条件、水分条件和应用场地进行细分。

按照植物所需光照条件的不同可以将花境分为阳生花境和阴生花境。阳生花境是布置在有充足阳光环境下的喜阳花境。这类花境所选用的植物材料大部分都是阳生花卉，需要充足的光照条件才能健康生长。花境的上部不能有高大的乔木或是构筑物等遮挡。阴生花境是能够在墙垣投影处、树阴下等遮阴环境中正常生长的花境类型。随着城市的高速发展，城市生态环境由于受林立的建筑和绿地中乔灌木等影响，形成了很多阴地生态环境。阴生花境中选用较多的耐阴植物。对阳光的依赖性不是太强，能够丰富底层空间，是很实用的花境类型。

按照植物所需的水分条件不同可以将花境分为湿地花境和耐旱花境。湿地花境是以喜湿或水生植物为主的花境类型。湿地花境常应用于湿地或水边。在越来越重视生态环境的今天，园林设计师们更擅长用植物来改善雨洪问题，各色的雨水花园也纷纷涌现，湿地花境就是雨水花园很好的应用形式，在丰富了城市景观的同时也起到了延长雨水径流的作用。耐旱花境是以耐旱植物为主要材料的花境。随着城市水资源的逐渐短缺和人工成本的提高，花境的设计要求选择成本较低的植物并且尽量做到管护的低投入，所选植物需要适应当地的气候特征，且能够表达出地域特色。例如，干旱少雨是我国西北地区典型的气候特征，其城市建设的要求也决定了花境设计要满足前期营建的低投资以及后期管护的低投入。低成本的耐旱花境类型对于丰富这些城市的景观多样性有着重要意义。该类花境有利于城市节水和节能，对其研究也有益于设计师们强化设计中的自然观、生态观，用更理性的思想应对城市发展过程中突出的环境问题。

1.3.5　按照花境应用场所分类

根据花境不同的应用场所，可以分为市政类花境和酒店小区类花境。

市政类花境是应用于城市公园、城市广场、城市街头游园、城市人行道及车行道等的花境。市政类花境应用在城市公共场地，对市民开放。酒店小区类花境的应用场所比较明确，即属于私人区域的场所，花境只为到酒店的客人及居住区的居民们提供观赏。一般来说，酒店小区类花境通常面积比较小，因此其营造得会比市政类花境更为细致，以起到丰富有限空间的作用。

不同类别的花境又可根据具体应用场地细分为路缘花境、林缘花境、墙垣花境、隔离带花境、交通绿化岛花境及节点花境[①]。路缘花境是沿园路方向布置的花境，可在园路一侧布置，也可以夹道布置，主要起到更好过渡路边植物群落与园路的作用，并且能够形成视觉焦点，引导游人行进方向。林缘花境是在一定范围内沿着现有林缘线布置的花境，通常是以植物群落作为背景，边界采用自然的柔和曲线，使其过渡衔接自然。林缘花境可以很好地丰富植物群落的中下层景观，多数在较大尺度的林缘草地中应用。墙垣花境是指布置在墙垣一侧的花境，通常为单面观赏花境。隔离带花境是应用于城市道路或公园隔离带中的花境，起到指引路人视线，限定两侧道路空间，丰富道路景观的作用。城市隔离带中的花境一般植物团块面积稍大，不需要过于精细的设计。交通绿化岛花境是布置于交通环岛之中，是丰富城市道路景观很好的方式。如果交通绿化岛中不设置人行道，那么该花境只供行车中的市民观赏，设计植物组团面积可稍大一些；如果设置人行道，考虑到游人的近距离观赏，花境形式和植物种类可以相应更加丰富。节点花境是绿地中作为景观焦点重点打造的花境类型，多数呈双面或多面观赏，拥有丰富的植物种类和多彩的设计形式；并且与游人的互动性较强，游人通常会驻足观赏、拍照等。因此节点花境的设计品质关乎绿地整体对游人的吸引程度。

---

① 戴静. 园林花境植物选择和营造技术 [J]. 现代园艺，2015（16）：108.

1.4　花境营造流程

1.4.1　花境环境调查

花境景观的营造首先应当充分考虑所选地域的环境。花境设计应巧妙地借用所选地块周边空间的景观，充分拓展空间并且使花境与外界空间能够贯通融合。花境的设计手法应当根据不同应用场地的花境类型而有所不同，这就要求在设计之前要先对场地进行"定性"考量。针对场地所需要花境发挥的功能来确定将来的设计形式。另外，不同花卉植物对于诸如光照、温度、湿度、土壤条件等的环境要求有所不同，因此在同一花境中应尽量选择对生长条件要求相似的植物种类。例如，在土壤层较为薄、又有很多石砾的贫瘠土地上，可以选用耐旱、具有深根性等生命力顽强的植物，如灯芯草、风信子等，同时要能够更好地形成有特色的岩石园；而较为阴湿的环境则可以选用耐阴和喜湿的植物，例如立交桥下面经常使用的八角金盘、紫金牛、玉簪、鸢尾、蕨类植物等。

1.4.2　花境设计

在充分了解所选地块的环境特点之后，就可以有针对性地进行花境的设计。花境的设计一般需要进行多方面的设计思考，例如背景设计、植床设计、平面设计、色彩设计、立面设计、边缘设计、季相设计等。

背景是花境设计中的一个要素，花境的背景可以依据周边环境现有的条件进行选择，例如选用现有建筑物的墙基、景墙、景观小品墙面或栅栏等，也可用绿色植物做成绿篱或树墙来作为背景。在花境设计中应当注意与背景、周围环境相匹配；花境的种植床一般采用带状的形式。林缘、路缘、墙垣花境等单面观赏花境的前边缘线可以是自由曲线。草坪花境、隔离带花境等双面观赏花境的边缘线通常为平行设计，可以是自然的曲线形式，也可以是较为现代的直线线条。种植床的大小选择取决于花境周围环境的空间尺度。虽然花境的长轴长度一般不作限制，但是为了后期管护方便并且能够体现植物配置的韵律感和节奏感，一般需要将花境划分为几个主题段来设计，每段花境的设计风格和主题可以稍有不同。通常每段花境的长度不超过 20 米，每段花境中间可以考虑留出 1～3 米的空间，这些间歇地段中可以布置座椅等景观小品。花境的短轴长度则应有一定的要求，因为花境的短轴过窄会使群落景观的表达不到位，过宽则会超出人们视觉观赏的范围。通常种植床较长的花境宽度设定在 4～6 米，应用于庭院等小体量的花境宽度设定在 1～1.5 米为宜，一般控制在庭院宽度的四分之一以内。如果花境较宽，可在其中留出 70～80 厘米的小园路，这样可以改善花境中植物的通风条件，也有利于后期管理。

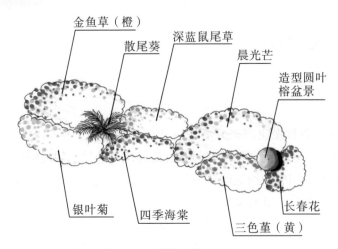

图 1-23　花境设计平面图

　　花境在平面设计（见图 1-23）的过程中应该首先明确植物团块组合的尺度。一般林缘花境、路缘花境、隔离带花境等长轴花境的植物组团相对较大[①]，而庭院花境、台式花境等面积较小的花境植物组团相对较小。花境中不同植物的组团形式应当富有变化，在数量以及规模上都要有所不同，这样可以避免花境呈现形式呆板、僵硬，能够增加其自然组合的美妙感。花境的色彩设计总体应当遵循以下几个设计原则：均衡与稳定、节奏与韵律、重复与渐变等。此外还应当考虑花境的周边环境、视线来源和所要表达烘托的气氛等。而不同色彩也可以给人带来或冷或暖的主观心理感受，从而使场地空间相较于原来发生远近等心理感受的变化。暖色调可以拉近人们与物体的距离，给人以亲切感，并且更加容易吸引游人关注。而冷色调则会让人与物体的距离疏远，从而使得场地显得更深远，因而常常使用冷色调的植物来充当背景，这样更加容易烘托和突出前景植物，增强空间的层次感。另外，冷暖色调的应用场合也有所区别，如在安静休息区通常采用冷色调的花卉植物，而在公园、节庆广场等场地为了增加欢快热烈的气氛，则可以采用暖色调的花卉植物。花境色彩的基调和轻重也是设计师必须考虑的要素。花境中占多数的色彩种类便决定了花境的基调。

　　立面设计（见图 1-24）往往是花境作品成功的关键。高低错落、层次丰富的花境更加生动。因此花境设计中常常讲究前景、中景、背景的层次搭配，较高的花卉植物通常布置在花境的最后方，较为低矮的花卉植物种植在花境前方。长轴花境中还可以将较高的植物种植于花境的中间，在两边种植较为低矮的植物。同时在立面设计过程中还应当尽量避免过于规整的排列，就像自然界中的植物群落都拥有优美的林冠线。花境中也应尽量打破呆板均一的排列，使花境更加富有野趣，更有自然气息。例如，可以在近景和中景的低矮团状植物组团中适当穿插较高的竖线形植物。

① 袁艳. 花境植物的选择与应用［J］. 经营管理者，2014（7）：382.

图 1-24　花境设计立面图

花境的边缘确定了花境种植范围，同时也关系到花境所处位置的园路清扫及草坪修剪等。花境边缘设计通常有高床和低床两种形式。高床边缘通常使用自然的石块、砖块、木条、碎瓦片等垒砌而成，平床则可使用较为低矮的植物进行镶边 [①]；花境的季相设计直接关系到其景观的持续性，花境设计时进行合理的季相考虑，能够保证花境一年四季都有景可赏。一个花境作品是否成功，其关键因素还在于花境的设计是否符合"虽由人作，宛自天开"的意境美。花境自然、生动、野趣应当是设计师们追求的目标，作品要力求展示出自然美、人工美和艺术美的完美融合。但由于花境所在地的自然、地理及人文等因素都会影响花境的设计，因此在设计的过程中应当做到因地制宜、因时而变、因题材而变，要不断地研究和探讨，不拘泥于特定的设计模式。全面考虑以上各要素，才能实现合理的花境设计。

1.4.3　花境施工

花境施工（见图 1-25）是实现设计的重要环节。在施工前必须全面了解所用苗木的种类、数量、规格等信息，制订出详细的施工计划以及施工进度安排。做好施工前的各项准备工作之后才可进行施工。施工人员需要充分读懂设计图纸所表达的内涵，理解设计师的设计意图。施工过程中，有时设计人员需要进行全程跟踪，对苗木的采购进行把控、对现场的种植进行指导。如果发生苗木种类、大小、位置等与图纸不符的情况，可以及时对原有设计图纸进行完善和调整，这样才可以使花境效果最佳。

① 郭卓. 花境类型及设计要点 [J]. 中国园艺文摘，2011（1）：106-109.

图 1-25　花境的施工

1.4.4　花境养护

正所谓"三分种，七分养"。在花境建成之后的日常养护管理也非常重要。花境养护的好坏会影响到花卉植物能否很好地展示其景观效果，如果对花境的后期养护管理不够重视，植株不能很好地生长，也就谈不上良好的观赏效果。所以，为了能够充分发挥花境的优美意境，需要人们进行精心、细致的养护管理。养护过程中需要及时对土壤的养分进行补充。宿根花卉仅仅靠土壤中本来的养分是不足以供其健康生长的，即使土壤原本比较肥沃，也应及时采用施肥等方法对土壤中的养分进行补充。另外，修剪也是宿根花卉养护过程中的一项非常重要的措施。植株的高度可以通过修剪来维持，这样极大地保证了植物的存活率，同时还可以最大限度发挥植株的景观价值。

第2章 国内外花境应用特点

2.1 国外花境应用特点

2.1.1 英国花境应用特点

英国花境最特别之处是其丰富的植物品种。品种丰富也就意味着色彩和形态丰富。英国气候温和舒适，冬无严寒，夏无酷暑，有利于各种花卉生长。尽管英国本地生产的可供花境应用的植物很少，但是因为气候特别适合植物生长，目前英国的外来植物物种在全欧洲高居首位。上百年前，以威尔逊为代表的大批植物猎人前来中国西南山区开展植物引种工作。经过全世界品种引进之后，英国植物品种基础库存持续上升。如果说英国的很多原始品种都是从中国引进的，为何现在中国的园艺品种与其相差那么远呢？这来源于英国坚实的群众基础，对花境感兴趣的群众多，其研究领域人员多，强大的群众力量造就了英国花境的非凡实力。

另外，英国花境的又一特别之处就是其种植方式。在西方园林史中，英国园林大多是以自然风景园林出现，英式庭园崇尚自然，花草通常都是自然生长，且多为多年生开花植物。英国自然风景园林特色主要是大树、地形以及草坪，大树需要时间沉淀，草坪需要适宜的气候。

平民精神也是英国现当代园林中最突出的特点。如果说曾经的花境被当作贵族的代名词，那么如今的花境则越来越贴近平民的生活。英国人民对花园的热爱，贯穿于他们的一生。[①]普通家庭大多也建设私家院落。历史上出现的数百个花园设计经典案例，以及人们平时所参与的各地花展，无形中提高了普通群众花境塑造的能力，进而推动整个英国花境设计的进步。

英国切尔西花展历史悠久，是英国一年一度的园艺盛会，花展上会展示出各类园艺新优植物、创新的花园设计和新型园林技术等。切尔西花展中的花境类型非常丰富（见图2-1）。其中包括以植物为主题的花境，如捕虫类植物和玉簪类植物等。还有以岩石花园为主题的花境（见图2-2），主要以匍匐类植物搭配岩石，主色调为白色

---

① 王美仙. 花境起源及应用设计研究与实践［D］. 北京：北京林业大学，2009.

和绿色，综合运用了报春类、龙胆类、景天类等植物形成白绿相间、错落有致的岩石花园。

图 2-1　切尔西花展花境展示

图 2-2　切尔西花展岩石花园主题花境

　　有些花境创新运用了木桩作为收边，颇有田园氛围。以黄蓝色为主色调，黄色的金钟花、佛甲草与蓝色的鸢尾花、飞燕草、大花葱等植物相得益彰，白色的球菊作为调和色镶嵌期间（见图 2-3），收边种植菊类、景天类植物柔化边缘，增加野趣。

图 2-3　切尔西田园主题花境

　　位于英国的威斯利花园是英国皇家四大花园之一，称得上皇家园艺协会的旗舰花园。花园建于 1903 年，设计师是威尔逊。威斯利花园中的花境数量和种类非常丰富，包括玫瑰园、岩石园、蔬菜园、野花花园、沙漠景观等各色各样的主题花境。观赏草类花境混种了景天科、大花葱、鸢尾类等植物，形态各异，野趣自然，富有动感（见图 2-4）。花园中还有一条宽阔的走廊穿过，两边种植薰衣草、花葱、轮叶婆婆纳、蜀葵类等植物，背景配以组团式灌木和乔木，走廊尽头有一处山坡，形成道路尽端的视觉焦点。

图 2-4　威斯利花园花境

威斯利花园内的岩石花园也是引人注目的景观之一，水塘边的岩石配以松柏类、红枫类、龙爪槐类、玉簪类、蕨类、马齿苋类等植物，和水面相映成趣，带有一丝中国古典园林意蕴（见图 2-5）。

图 2-5　威斯利花园岩石花境

2.1.2　美国花境应用特点

美国花境起源于 1907 年的长木植物园，设计师第一次在植物园中应用了花境这一景观形式。花境被布置在约 180 米长的道路两侧，沿着道路设置不同颜色的植物，形成了色彩由蓝紫色到红色再到白色的过渡，沿路所形成的色彩变化效果就像一个极具视觉冲击力的色彩大轮盘，一直被引为园林史上的经典（见图 2-6）。该花境不只是整体效果非常壮观，其中每一段独立成景的花境效果也很好，给游览者带来丰富的视觉体验。这条花境也因此为长木公园带来了非常大的影响力，成为整个公园的亮点。

图 2-6　长木公园

图片来源：王美仙，《花境起源及应用设计研究与实践》

美国敦巴顿橡树园中展示着设计师 Farrand 一生最出色的花境景观作品。花境种植在两个约百英尺（1 英尺 =0.3048 米）长的平行种植床中，植物组合是该花境最经典的部分，宿根花卉与一年生花卉巧妙搭配，以杨桃为背景，两侧部分种植紫衫，视觉中心和层次感的设计都非常到位（见图 2-7）。色彩选择上，花境以红蓝淡雅色系为主。花境的四季景观从春天的郁金香到夏天的宿根花卉再到秋天的紫宛和菊花，都非常美丽壮观，在当地享有盛名。

图 2-7　敦巴顿公园
图片来源：王美仙，《花境起源及应用设计研究与实践》

2.1.3　爱尔兰花境应用特点

花境在爱尔兰早已成为了园林景观的标志之一。Dillon Garden（狄龙花园）是爱尔兰最具影响力的花园之一，该花园在中央草坪两侧都布置了花境，热情的红色与沉静的蓝色在春夏季节形成了非常鲜明的对比（见图 2-8）。在 Strokestown Park（斯特罗克镇公园）北部也有一个长达 150 米的长花境，由于花期很长，从 5 月至 10 月都能够保持良好的景观效果。在爱尔兰的私人庭院、城市绿地、植物园等地方也经常可以看到花境的应用。

图 2-8　爱尔兰 Dillon Garden 花境
图片来源：吴越，《北方花境植物材料选择与配置的研究》

2.1.4　澳大利亚及新西兰地区花境应用特点

　　澳大利亚最知名的花境在墨尔本植物园中（见图 2-9）。该植物园多处应用到了花境，对花境植物的选用也花费了很多精力，比如灰色花境，以银色和灰色叶子的植物为主，再搭配新型植物品种，以团块状布置作为中心，同时选用的植物还具有易于养护的特点；顺着台阶布置的灰色花境极具特色。有的花境布置在道路两侧，背景部分是绿篱，前景部分是草坪，顺着道路蜿蜒布置，这种花境多以大面积团块状组合，四周材料以粗糙质地为主，所展示的主要是夏季景观。另外还有一个很具特色的"节水"花境，通过滴灌技术来节约用水，这类花境具有很大的社会效益，同时为普通的私家花境节约用水提供了很好的解决方案。

图 2-9　墨尔本植物园

图片来源：王美仙，《花境起源及应用设计研究与实践》

　　新西兰的花境应用也比较广泛。以新西兰某一宅院花境为例（见图 2-10），这是一处典型的对称式花境，全长约 50 米，整体风格自然而具野趣，充分借鉴了英式花境特点。整体为宿根花卉，以箭形、条形植物为主，以营造野趣之美。蓝色调为主色调，辅以粉、红和黄色，绿色则为调和色。主要应用了玄参科、百合科、蔷薇科和菊科植物。春天来临，两侧各色的大花飞燕草、毛地黄竞相开放，成为花境中的主景植物。月季、菊花和周边自然环境搭配得非常巧妙。

图 2-10　新西兰某宅院花境

2.1.5 加拿大花境应用特点

图 2-11 布查特花园

图片来源：王美仙，《花境起源及应用设计研究与实践》

以布查特花园中的花境为例（见图 2-11），其给人留下最深印象的是花卉布局上的设计。花境位于温哥华岛，占地达 30 英亩（121 405.8 平方米），1904 年建造。道路两旁的花境应用比较普遍，主要是单面观赏和双面观赏花境。植物颜色艳丽，高低层次丰富，背景部分包括宽广草坪和低矮的灌木。花园中的植物种类有四千余种，设

图 2-12 皇家植物园

图片来源：王美仙，《花境起源及应用设计研究与实践》

计的花境类型也是各具特色，植栽位置包括林缘、草坪等。丰富的花境类型及植物品种共同组成了花园优美的景观，花园也因此吸引了很多国内外观赏者。另外的一个优秀花境案例是占地 1 093 公顷（1 093 万平方米）的加拿大皇家植物园中的花境，植物园应用了大量的花境（见图 2-12），有的花境布置在草坪道路两侧，种植一两年生花卉，增加公园色彩；有的花境布置在草坪中心，种植宿根花卉，以岛状花境形式突出景观重心，相互组合共同形成极佳的沿线景观。

2.1.6　日本花境应用特点

日本难波屋顶花园为典型的混合花境（见图 2-13），三株羽毛枫构成了花境的主体骨架，以暗红色作为主调，中层植物以绣球和黄杨搭配，用常绿的黄杨调节绣球的艳红色。前景地被颜色为偏暖的黄色，明度较高，以金叶菖蒲、玉簪、红叶南天竹、矾根等植物点状种植；以石头和竹筒收边，颇有日本禅意味道；以简洁的竹子作为背景，清新脱俗。

图 2-13　日本难波屋顶花园

日本舞洲别墅花境风格相对来说颇具野趣（见图 2-14），以箭形、条形的龙舌兰科、棕榈科和观赏草类植物作为中景，形态粗放自然，洒脱不羁。以常绿云杉类植物为背景，相对简约；前景块状种植松果菊、繁星花、地肤等植物，点亮了整体花境色彩，不至于过分单调。

图 2-14　日本舞洲别墅花境

总体来说，花境虽起源于英国，但在西方其他国家的应用也同样非常广泛，已经是西方花卉应用的重要形式之一。由于花境对材料、场地、大小、形式等条件的要求常常多变，早已不再局限于人们的私家庭院，而是已经扩展到城市的各个场合及角落。[①]这种景观效果优美、形式多变、配置手法灵活、植物材料丰富的花卉应用形式早已受到人们的喜爱和重视，在绿化美化城市的同时，也为设计师提供更丰富的景观表达方式。

2.2　国内花境应用特点

2006 年，花境开始出现在我国发达城市的园林设计中，逐渐发展成一种被大众所认识的新兴花园设计形式。我国的花境目前还处于简单模仿的阶段，和国外的花境相差甚远，花境的生态和经济等效益还没有得到很好的体现。不过随着近几年的发展，花境在实践中的应用也在不断扩大，特别是发达城市的花境应用范围越来越广，诸如上海、广州、杭州、北京等城市，但总体应用面积还不是很大。

我国的花境主要存在于花园和公共场所，观景季相南北差异较大，华北以夏秋季节景观为主要表现，华中以春、夏以及秋三季景观为主要表现，深圳、广州等华南地区城市则多表现为四季景观。在植物材料的选择上，华北、华中和华南地区对于宿根花卉、灌木及一两年生花卉植物的使用也不尽相同。尽管植物选材各有不同，但是常用的花卉在南北地区都有出现。另外，一个地区内的城市花境应用会非常类似，地域差异性偏弱。

根据调研，目前我国花境主要存在以下五个问题：

（1）花境的设计水平不高，应用范围较小，使用量很少。

---

① 王美仙，刘燕. 花境及其在国外的研究应用［D］. 北方园艺，2006：135-136.

（2）与国外相比，花境植物品种少。

（3）对于花境定义的理解比较模糊。我国现有花境通常为植物材料的堆砌或者是在花带、花坛的基础上增加植物种类或层次，花境配置形式单一且生硬。

（4）具有突出影响力和代表性花境作品较少，配置手法与植物材料应用在各地区表现很类似，没有突出场所的地域特色。

（5）花境养护和管理水平不高，导致后期的景观效果表现与生态持续性不佳。

花境其实是一种非常优良并且适用于我国园林的花卉应用形式，况且目前我国已经具备花境应用的条件，也确实有着非常广阔的市场前景。[①] 然而在花境应用以及设计上依然有很大的局限性，比如明显的色块堆砌、配置单一等，优秀的花境作品不多见。

2.2.1　花境在中国南北方地区的应用差异

南方，花境发展比北方时间更长，在花境设计、应用和植物选材等各个方面都比北方更为前沿。相较于目前南方的花境设计，北方有些落后。

（1）南方在花境设计中讲究精细化，讲究植物组合与搭配协调。在南方的文化传统中，非常注重园林景观对于意境的营造与表现。同样，在花境景观中，意境这一点也非常受重视。受气候条件和植物品种稀缺的限制，通常以大面积少品种的片植形式为主，注重形成大片整体感的景观效果，这其中一部分是受到北方文化传统及特质的影响。

（2）南方城市相对于北方城市更贴近国外花境的设计形式，通常是自然栽植，在城市公共区域的各个角落都有应用，甚至在一些较发达地区的私家庭院中，也出现了一些不错的花境。南方通常采用点状和斑块状结合种植，以混合式花境为主。通常也会用一些装饰物，比如小雕塑、石块等，擅长利用不同植物特性共同营造全年持续的四季景观花境。北方城市花境常常与花坛、花带结合，单独出现的花境只在公园这类大面积的公共绿地上能看到，设计形式通常为自然式，此外规则对应式在北方城市也较为常用。

（3）地域上的大跨度决定了南北方在人文、水土、气候等方面都存在明显的差异，因而在花境的设计上也表现出非常多的不同点。北方地区花境可选用的植物种类相对于南方少了很多，在植物季相景观上同样也受到了诸多限制，春夏两季主要是一两年生草本植物，到冬季只剩下大部分枯枝和少量常绿植物，难以满足四季景观展示的持续性。南方可选用的植物相对丰富，还试用了从外地引进的很多新品种，不单一两年生草本植物非常丰富，多年生植物同样也有很多选择的空间，这样更容易营造四季都可观赏的景观效果。

---

① 王美仙，刘燕. 我国花境应用现状与前景分析［D］. 江苏林业科技，2006：49-51.

2.2.2　花境在中国各地区的应用与发展

2.2.2.1　花境在华北地区的应用

1．华北地区花境类型

我国华北地区属于北温带大陆性气候，气候干燥、温差大。基于以上特点，按照植物材料来划分，可分为如下花境类型：

（1）宿根花卉花境。宿根花卉花境在华北地区应用最广泛，选材基本上都是可以露地过冬的宿根花卉。其优点在于养护管理的成本较低，这类花境在北京市区很多休闲公园里都能看到，花卉主要是翟麦、桔梗、萱草、八宝等。

（2）混合式花境。由可以耐寒的宿根花卉、同球根花卉、花灌木等不同植物种类搭配形成的花境即是混合式花境。混合式花境的特色是颜色鲜明，无论在色彩上还是在季相景观上都非常丰富。因其选材方便，在华北地区应用非常广泛。混合式花境较多用到的花灌木植物包括鸡爪槭、紫叶小檗、杜鹃类等；球根花卉常用品种包括美人蕉、大丽花、唐菖蒲等；一两年生花卉常用品种有千日红、串红、黑心菊、金鱼草、凤仙花等。混合式花境应用案例以北京市区颐和园最为突出，景观效果非常自然，不但不同植物类型表现和谐，还能突出表现每一类型花境的特点。

（3）专类植物花境。以同一种类或者同一属类中的不同植物品种进行组合的花境称为专类植物花境。华北地区的专类植物花境通常以菊花花境、牡丹类花境、鸢尾类花境等为主，其中典型案例是北京植物园中的芍药、牡丹花境，引人入胜。

2．华北地区花境发展现状

我国华北地区对于花境的应用还没有得到很好的发展。主要问题在于对植物选材的认知不足，对植物的应用现今还停留在一两年生草木花卉以及多年生宿根花卉上，没有进行扩展，常绿针叶树种、观赏草、花灌木等植物缺失，大大影响了华北地区花境的多样性。华北地区花境应用类型主要是单面观赏花境，以隔离带花境为主要形式，季相主要是夏秋两季，冬春季节的景观还很难达到理想的效果。在花境竖向设计上，通常表现为背景设计单薄，无法达到衬托的目的，前景植物又表现得太过单调。具体来说主要存在以下几个问题[①]：

（1）植物种类单一。一般都是雪松、连翘、樱花、大叶黄杨、小叶黄杨这几种植物。许多花境甚至总共只用到3～5种植物。

（2）种植密度过大。大多选择高密度植物种植，以实现花境快速成景，这就容易出现一两年后植物空间拥挤的情况。另外，后期管理中由于没有疏苗，花境植物长势凌乱。

（3）四季景观持续性弱。花境大多只在秋季达到最好的视觉效果，而能够在四季

---

① 吴越. 北方花境植物材料选择与配置的研究［D］. 哈尔滨：东北农业大学，2010.

均达到良好视觉效果的案例非常少。

（4）花卉及观赏草的应用非常少。通常是用木本植物，草本植物不多见。

（5）最低限度景观——冬季景观呈现效果较差。经过秋季落叶后，植物呈现出最为裸露的状态，如丁香、灌木、连翘以及紫荆等植物枝干裸露并比较凌乱，其花境的冬季景观呈现效果较差。

（6）花境设计不自然。华北地区的花境设计普遍过于生硬，自然感较差。

华北地区花境虽然存在很多问题，但仍具备很好的发展条件和潜力。其实华北地区具备丰富的植物应用基础，如果充分加以挖掘和利用，不难实现人化自然与自然人化的巧妙结合。

花境在北京的应用

（1）城市道路上的花境

北京在城市主干道两旁都布置了 4 段尺寸为 45m×1.8m 的花境（见图 2-15），每两段之间用绿篱隔断。以段为单位选择花境植物形成的景观效果统一，基本都是一、二年生植物。其种植形式为 5～10m² 的花卉团块，选用的植物有宿根天人菊、醉蝶花、玉带草、八宝景天、矮牵牛、大花金鸡菊、虞美人、紫叶酢浆草、雏菊、鼠尾草等。

图 2-15　北京城市道路上的花境

图片来源：王美仙，《花境起源及应用设计研究与实践》

（2）北京植物园内的花境

该花境在道路一侧，长宽尺寸为13m×3.5m，背景部分为自然林地（见图2-16），采用多色混合设计，把灌木棣棠和平枝荀子种植在中央作为骨架，以一两年生花卉作为主要植物，也有少量球根及宿根花卉类植物，选用的植物种类有棣棠、三色堇、美女樱、旱金莲、金盏菊、矮牵牛、岩白菜、异果菊、花毛茛、金鱼草、羽扇豆、羽衣甘蓝、大花飞燕草、报春花、耧斗菜、黄晶菊、白晶菊、郁金香、雏菊等。这个花境的缺点是植物水平线与垂直线搭配所形成的立面层次感偏弱。

图2-16　北京植物园的花境

图片来源：吴越，《北方花境植物材料选择与配置的研究》

北京的花境基本上只出现在道路绿地和公园绿地上，选用的植物多为一两年生植物，以灌木和宿根花卉作为配景选材。种植时间大多在五月前，十月进行一次花卉翻新，景观效果集中在夏秋两季，景观持续性不强。

2.2.2.2　花境在华东地区的应用

华东地区花境的应用相对较成熟。花卉盛开的季节不会过于集中，主要以美国薄荷、杂种鸢尾等多年生宿根花卉为主。两个花境中间选用了矮灌木、地被植物和自播繁衍植物作为间隔。在应用形式上，华东地区的类型包括岛状花境、地被花境、混合花境、岩石花境和临水花境等。

华东地区花境应用特点如下：

（1）新型花境植物品种多。包括波斯菊以及二月兰这些一两年生花卉，还有双荚决明、落新妇、金焰绣线菊、锦带花等花灌木，以及类似杂种玉簪、大花首草、宿根福禄考、宿根美女樱、绵毛水苏、白友、黄金菊、紫叶酢浆草这一类植物。

（2）花卉种类丰富。华东地区已应用于花境的植物种类丰富，其中广泛应用的有石蒜科、百合科、唇形科、菊科、虎耳草科、灌木类种、草本类种、藤本类等多个科属，以菊科、禾本科、唇形科植物用得较多。

（3）植物配置在花境设计中的作用突出。平面上花卉种植形态多样，有团块状、丛状等；立面上高低错落有致，植物本身的高度在设计师的设计组合之下得以很好地呈现，每一种植物都能展现自身的自然美，同时整个花境搭配的整体性也非常强。

（4）花期大多以春夏季为主，秋季开花的植物品种运用较少，其中观赏草是秋季花境的主角，而发展到冬季则以彩色观叶植物为主。

（5）在色彩选择上，基本以淡雅为主。淡雅色系的植物包括亚菊、银白菊、宿根福禄考、月见草、蒲苇、细叶芒草、金叶苔草等植物。

华东地区花境应用也存在很多局限性，主要表现为以下三大方面：

（1）虽然花境效果很好，但华东地区绿地公园对花境的应用依然较少。通常群体性种植能实现最佳的花境观赏效果，而单调的花境往往由于面积和数量不够，这就类似于只是把植物品种简单展示出来的标本园。

（2）植物材料的选择仍然只是以多年生宿根花卉为主。华东地区野生植物资源丰富，可是应用于花境中的却是少之又少。

（3）华东大部分地区地处亚热带北缘气候带，许多在原产地具备明显休眠期的宿根花卉，来到华东后只有短暂的生长停滞期，甚至会演变成常绿的多年生草本植物，类似于佛甲草和金叶景天这一类植物在梅雨季节就会出现生长不良的状况。

花境在上海的应用

就目前而言，上海花境应用可以说排在全国前列。2001 年，上海花境应用试点面积将近 1 000 平方米，取得较好的观赏效果。2002 年，试点范围逐步扩大，整个市区有 42 个点，接近 6 600 平方米。2003 年，上海开始筹划国家园林城市建设，市区包括道路和公园绿地等各个角落都开始了花境应用建设，全市花境应用总面积接近 14 868 平方米。到了 2004 年，花境应用更是出现在众多面积不大的小众公园中。

1. 辰山植物园旱溪花境

上海辰山植物园中的旱溪花境在 240 米左右的长度内应用了超过 80 种不同的宿根花卉和观赏草，将丰富的植物品种进行了巧妙的组合搭配。颜色上，以粉黄白紫绿为主要色系，将四季不同的景观表达得非常完美（见图 2-17）。植物品种上，选用观赏草、宿根花卉和两栖植物三种类型，其中，观赏草是主干，宿根花卉作为搭配，两栖植物主要用来净化水质，有助于花境的后期养护管理。季相上，以夏秋两季为主，夏季以盛开的花卉景观为主，秋季则以随风摇曳的观赏草为主。应用到的植物种类有：矮蒲苇、宿根天人菊、花叶芦竹、鸢尾、银边芒、紫萼、拂子茅、荆芥、狼尾草、大金鸡菊、细茎针茅、柳叶马鞭草等。

图 2-17　上海辰山植物园旱溪花境（左图为夏季景观，右图为秋季景观）

2. 复兴公园内的花境

公园内花境设置在两层不规整的石砌台阶上，属于高床花境，第一层高度约 0.7 米，第二层高度约 0.5 米。台阶总长为 22 米，最宽处为 2.5 米，最窄处为 1.5 米。植物组合形态上为团块状，团块面积在 2～4 平方米之间。利用植物本身高度搭配种植床的高低来实现高低错落的立面景观效果，前景植物高度基本为 0.3 米，中景植物高度约为 0.8 米，背景部分选用的植物高度为 1.1～2 米。植物选择以宿根花卉为主，灌木和一两年生植物作为搭配。颜色上，采用的是多色混合设计，包括黄红白蓝等，花境主要观赏期基本集中在 4～9 月。此花境高低错落、季相明显，景观效果非常自然。但是由于种植床太高，人们在道路上很难看到后面的花境。应用到的植物种类有火炬花、天蓝鼠尾草、大叶黄杨、美女樱、黄晶菊、一叶兰、紫叶李、十大功劳、花叶薄荷、萱草、山茶、花叶八仙花、花叶扶芳藤、美人蕉、大吴风草、大滨菊、美国薄荷、红枫、紫薇、金丝桃、千屈菜等。

3. 上海迪斯尼乐园草甸花境

上海迪斯尼乐园中设置了一处草甸花境（见图 2-18），该花境组合方式与传统花境大有不同，大量选用观赏草与颜色、质感都不同的宿根花卉进行组合，所形成的效果富于变化，又有很强的韵律感，在突出观赏效果的同时也体现了对生态效益的追求。花境采用了观赏草和宿根花卉两种植物混种的方式。主要应用到的植物有：银边芒、荆芥、大滨菊、拂子茅、柳叶马鞭草、千叶蓍等。

图 2-18　上海迪斯尼乐园草甸花境

4. 体育公园内的花境

图 2-19　上海体育公园花境

图片来源：王美仙，《花境起源及应用设计研究与实践》

花境长约33米，宽约5米，设置在公园入口两旁位置（见图2-19）。背景为大量的乔灌木丛，两者非常和谐。前部分为弧形曲线，采用美女樱进行镶边。平面设计中植物团块面积大小不一，基本在1～13平方米之间。立面效果通过利用植物本身来表现，前景植物高度约为0.3米，中景植物高度约为0.8米，背景植物高度基本为1～1.6米。在选材方面，以宿根花卉为主，搭配灌木等观赏类植物。颜色上，采用多色混合方式，黄色和红色是主要基调。主要观赏期在4～9月。所选用的植物种类有针茅、月见草、亚菊、美人蕉、紫松果菊、醉鱼草、千屈菜、芒、黄晶菊、六道木、天蓝鼠尾草、萱草、银叶菊、绣线菊、玉带草、花叶薄荷、玉簪、紫叶酢浆草、花叶八仙花、美女樱、大吴风草等。该花境不足的是靠前位置的花卉高度与靠后位置的背景植物高度之间相差较大，花卉最高为1.5米左右，可是背景部分植物与前景花卉高差在5.5～6.5米之间。

5. 上房岩石园花境

上房园林造景教育基地位于上海的闵行区，其中的上房岩石园是一个非常优秀的专类花园设计案例。上房岩石园最大的特点在于将植物与岩石进行非常完美的搭配（见图2-20），所营造出来的山地景观和沙漠景观都具备很大的震撼力。岩石园属于园中园类型，面积接近300平方米，园中设置了一条5米左右的道路将花园分割成南北两部分。植物选择以松柏类植物和灌木为主，包括扁柏、日本五针松、柔枝红千层、铺地蓝刺柏、香桃木等。

图2-20　上房岩石园花境

不难看出，上海这个城市对于花境应用的质量和数量等方面在全国范围内都属于前沿水平。其特点总结如下：应用位置主要为公园及道路绿地；季相上能达到四季景观的持续性，主要观赏期是4月到9月；植物品种丰富，花境植物类型近50种，其中宿根花卉、灌木及观赏草最为常见；花境配景应用较少，如雕塑、石头等园林小品。

花境在杭州的应用

近年来，杭州对于花境的应用越来越广泛。2003 年，杭州花境应用面积达到 2 410 平方米，经过不断调整和改进，也有一些比较优秀的花境景观作品。如今，杭州的花境应用面积已超过 10 000 平方米。

1. 应用于林缘的花境景观

为了满足景观过渡、增加景观色彩的要求，在林地和草坪之间应用了花境造景。前部分为草坪，后部分为树林（见图 2-21）。花境形体上比较瘦长，宽度在 1 米左右。多采用一两年生花卉，如矮牵牛、藿香蓟、毛地黄、白晶菊、紫罗兰、虞美人、一串红等。林缘地区的花卉团块面积很小，营造出韵律感和节奏感很强的视觉感受。

图 2-21　杭州林缘处花境

2. 杭州西湖白堤上的花境景观

西湖白堤上的花境应用在道路两旁的草坪上（见图 2-22），以 5 米作为间断距离进行布置，长度设置为 15 米左右，宽度为 2～3 米，外轮廓为曲线形，整体规模比较大。主要是两面观花境，中心部分种植的是灌木，周边采用一两年生花卉作为搭配。植物应用主要为杞柳、南天竹、八角金盘、矮牵牛、孔雀草、白晶菊、银叶菊、一串红、毛地黄、藿香蓟等。

图 2-22　西湖白堤花境景观

杭州地区的花境应用水平在近年的尝试和探索后得到了很好的提升，花境作品质量也得到了很大的发展。杭州花境特点总结如下：花境类型以双面观赏花境和单面观赏花境为主；位置主要是公园以及绿地；花境骨架的选材主要是灌木，周边植物通常是一两年生花卉，宿根花卉也应用得比较多。

2.2.2.3　花境在华西地区的应用

花境在华西地区的应用还非常少，并且设计水平也处于初级的阶段，经过分析，原因可能在以下几个方面。

（1）设计人员缺乏花境设计相应的专业训练，相关设计单位缺乏花境创作动力。许多设计人员对于园林树木的搭配或配置已经得心应手，对材料单一的花坛、花带也能从容应对，然而花境的设计通常需要在较小面积的区域中运用丰富的植物种类进行自然式配置，往往需要在层次、体量、质感、色彩等方面进行精心搭配，设计难度很高，园林设计人员缺乏花境设计相关专业知识的训练和积累，方案设计及其作品质量必然大打折扣。另外，现实情况是，若不是甲方或者项目设计方明确要求，一般的设计施工单位出于经济利益最大化的追求，通常不愿意在花卉的设计上花费过多精力。

（2）对花境概念了解模糊。花境毕竟源于西方，目前在我国总体上依然还处于初级阶段，并且对于华西这类内陆地区而言，是一个全新的事物，对新事物、新概念的理解需要一个过程。尽管目前部分园林工作者对"花境"这个名词早已不再陌生，但

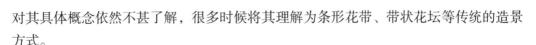

对其具体概念依然不甚了解，很多时候将其理解为条形花带、带状花坛等传统的造景方式。

（3）缺乏具有实践指导性、易读易懂的文献和工具书。从目前可查阅的相关文献资料来看，尽管有关花境设计施工的文献和资料数量很多，但还是缺乏具有实践操作性、易读易懂的专业文献及工具书，而且很多工具书和论文在文字表达上过于专业和晦涩。

（4）土壤及自然条件的制约，植物材料相对缺乏。在华西地区，由于气候条件的制约，同时花卉培育市场又非常滞后，花卉材料在种类和质量上都落后于其他内地发达地区。

以上这四大因素直接影响花境在华西地区的应用。

由于受华西地区气候条件的限制，人们也创造出了独有的花境土壤处理形式，成为其典型的应用特色：

（1）土壤处理形式：华西地区很多土地是盐碱地。花境营造过程中，对土壤的处理非常重要。需要在前一年的晚秋将土壤先处理好，经过一个冬季后才能使土壤熟化，改善土壤条件。处理时根据现有土壤情况，实行部分换土或全部换土的措施，覆土深度为30～50厘米。换土后，再施入腐熟有机肥当作底肥，有必要的话还施入适量硫酸亚铁改善土壤酸碱值，换土过后深翻约30厘米，将土壤和有机肥混合晾晒。

（2）播种时期选择：在华西南部地区，3月底到4月初就可以进行播种，北部地区会比较晚，一般推迟15～20天进行。播种之前需要将土面大致处理平整，不能形成洼坑，避免积水。在种植区四周打上小土埂之后进行灌溉，水量可以较大，以压碱洗盐，也为后期种子萌发提供水分。等到水下渗4～5天之后，土壤的湿度适合时将地表整细耙平，随后准备播种。

2.2.2.4　花境在华中、华南地区中的应用

目前花境在我国华中、华南地区的应用并不广泛，而且各地区分布不均。该地区花境的应用，在空间与时间分布上主要呈现以下两个特点：

（1）空间分布表现为不均匀点状散布。这一特点主要体现在：第一，花境应用在珠三角地区（深圳、广州）通常要比其他地区（韶关、汕头、湛江等地）多得多。另外，珠三角地区的花境应用景观效果大多要比其他地区景观效果突出，比如汕头海滨路花境与广州大道花境相比，可以看出广州大道花境布置在色彩和层次上都比汕头海滨路的更为丰富。第二，在道路旁、居住区、新建公园比旧公园、老街区应用得多，而且花境的应用形式更现代、新颖、自然。第三，居住区、公园内花境的应用通常比街旁绿地以及道路广场等应用更为频繁，通常花境多应用在居住区和公园的重要景观节点，然而道路隔离带以及街旁绿地位置尚未发现花境有成规模的运用。

（2）时间分布上表现为间歇性。华中、华南地区花境大多集中在赛事活动以及大

型节假日中布置的临时性花境。比如广州 2010 年在亚运会时期提出"一线花带、十里花堤、百道花廊、处处花境"这一环境改造目标。另外,每年国庆、春节等节假日,各个城市也都会在公共环境中举办花节、花展等。大多以一两年生草本花卉搭配构筑物、雕塑等组景,通常具有一定的时效性,赛事活动或者节庆结束一段时间后,花境会被撤离。

花境在深圳的应用

深圳是我国非常典型的南方城市,气候特点和地理位置影响着深圳花境应用的发展。在植物选择上,以花灌木和观叶植物为主,灌木为主也成为深圳的花境特色。由于深圳的气候特点,宿根花卉较少应用到花境设计中。以公园和道路绿地位置为主,目前园博园门口以及滨河路新洲路交界处的路边等地方都能看到花境的身影。园博园门口花境(图 2-23)的植物选材主要是鸡蛋花、美丽异木棉、凤凰木、红背桂、龙舌兰、海芋等。

图 2-23　深圳园博园花境

图片来源:王美仙,《花境起源及应用设计研究与实践》

我国华北、华东、华中、华南花境应用情况对照见表 2-1。

表 2-1　我国华北、华东、华中、华南花境应用情况对照

地区	城市	应用场所	花境类型	常用植物材料
华北	北京	公园、城市道路	混合花境，以一两年生花卉为主	宿根天人菊、醉蝶花、玉带草、八宝景天、矮牵牛、大花金鸡菊、虞美人、紫叶酢浆草、雏菊、鼠尾草、棣棠、三色堇、美女樱、旱金莲、金盏菊、矮牵牛、岩白菜、异果菊、花毛茛、金鱼草、羽扇豆、羽衣甘蓝、大花飞燕草、报春花、耧斗菜、黄晶菊、白晶菊、郁金香、雏菊
华东	上海	公园、街头绿地	混合花境，以宿根花卉为主	天蓝鼠尾草、美女樱、德国鸢尾、紫叶李、萱草、山茶、花叶扶芳藤、碧桃、美人蕉、大吴风草、美国薄荷、红枫、紫薇、花叶八仙花、金丝桃、千屈菜、小叶黄杨、绣线菊、熊掌木、一叶兰、醉鱼草、花叶八仙花、紫松果菊、彩叶草、亚菊、六道木、银叶菊、地被菊、宿根福禄考、林阴鼠尾草、山茶、棣棠
华东	杭州	公园、城市道路	混合花境，以宿根花卉和一两年生花卉以及灌木为主	八角金盘、矮牵牛、杞柳、孔雀草、白晶菊、银叶菊、一串红、毛地黄、藿香蓟、紫罗兰、虞美人
	厦门	公园、城市道路	作物花境、草花专类花境、灌木地被花境、混合花境、野花组合花境	美国薄荷、红枫、紫薇、花叶八仙花、金丝桃、千屈菜、小叶黄杨、绣线菊、熊掌木、一叶兰、杞柳、孔雀草、白晶菊、银叶菊、一串红、毛地黄
华中、华南	深圳	公园	灌木花境	鸡蛋花、美丽异木棉、凤凰木、红背桂、龙舌兰、海芋

2.3　国内外花境应用的异同

首先，国外花境在设计形式上更加多样，也更为随意，特别是在私家庭院中，通常都是根据居住者自身喜好和审美要求进行设计，每一个花境设计师都有自己独特的一面，并且成为自己的设计理念。近几年来，在国外特别流行的混合花境开始流入我国，受到设计师的追捧。然而我国在花境设计上还没有完全形成自身的模式，往往是照搬其他国家的花境设计手法，缺乏自己的特色。并且国外的花境在应用上不仅仅注

重植物方面的景观配置，也注重搭配上的景观营造，注重与建筑单体结合，有些还会采用树墙或者其他形式，营造出花境周围的衬景，进而使得花境景观更为突出。也会采用一些石材或者雕塑等进行装饰，特别是在私家庭院中的滑进景观部分，有时会用各种配件如容器或者水池进行组合，共同营造出独具特色的花境景观。与之相比，我国目前在花境景观的塑造上只是停留在利用植物营造这一阶段。

其次，花境在国外目前已经是一种较为常见的造景形式，城市各个角落都会应用到，很多国家的私家庭院中也少不了花境。可是我国在花境的应用上还相对比较少，南方地区会多些，北方地区近年才开始流行。尽管花境造景在我国已经受到了重视，但整体设计水平还是不高，南北地区花境的应用也存在着较大的差异。在应用场地上，我国主要在公园或者道路绿地上。国外对花境植物应用更为成熟，特别重视植物的选育，由此也得到很多新优品种，其中还有很大一部分是可以露地生长的植物；然而我国目前花境植物材料选择还是过于简单，特别是一两年生植物类型占据了很大的份额，我国北方地区这一现象特别严重。

由上可见，国内外在花境应用上还是存在着比较大的差距。

第3章 华南地区花境应用

3.1 华南地区花境发展背景

华南地区的北界是南亚热带与中亚热带的分界线，这条分界线以南是热带 – 南亚热带区域，具有高温高湿等典型气候特征。华南地区同样也具有突出的热带 – 南亚热带自然面貌特征，气候特征与我国华中地区的亚热带有着明显的差异。正是由于华南地区具有适宜的气候环境，相当多的植物种类都非常适合在此生长繁殖，造就了这里丰富的森林植物资源，包括热带雨林、季雨林和南亚热带季风常绿阔叶林等地带性植被，又以热带灌丛、亚热带草坡和小片的次生林为主[①]。

人文环境方面，华南地区各省居民均以汉族为主，另外也包括中国长江以南地区中唯一的省级少数民族自治区——广西壮族自治区[②]，该地区壮族人口大约有1700万，占全区总人口的35%。华南地区的人文特征是由其本土文化、移民文化和海外文化共同构成的。珠江是华南地区本土文化的发源地，古代先民们依托珠江水域，通过渔猎文化和农耕文化衍生出了华南地区的本土文明。随着社会的发展，经济日趋繁荣，催生了如今的商贸文明。敢于开拓和冒险，打破常规，尝试突破与创新是华南地区本土文明的最大优点。另一方面，可以说华南地区的文化史很大程度上是一部移民史，主要以岭南地区为主，移民文化不仅给华南地区注入了先进的技术和中原文明，也培育了其开放兼容的优秀品质。华南地区一直以来都是中外文化交汇、碰撞较多的地区，从古代的中原文化、宗教文化，一直到近现代的西方文化和改革开放后的港澳台文化，逐渐形成了独具魅力的华南地域文化特色。

3.2 华南地区花境配置的主要类型

华南地区花境配置的主要类型有以下几种：

---

① 姚岚，颜玉娟，许秀环. 空间构成在居住区植物造景中的应用研究 [J]. 现代园艺，2013（9）：60-61.

② 黎春敏，南方沿海地区旅游住宅地产户型设计研究 [D]. 广州：华南理工大学，2013.

3.2.1　花境与草坪林木配置

这种配置形式又可细分为三种：花境与草坪搭配，在较为空旷的草地上布置花境作为景观节点，由丰富多彩的花卉植物构成图案式的地被植物景观；花境位于树下，这种形式常用于道路绿化隔离带中，柔和的花境植物既可以舒缓行人的视觉紧张感，也能满足自然绿地美化、装点城市环境的需求；花境位于林缘，这种形式通常在公园、较为宽敞的小区绿地中，作为自然绿墙或是特色景观。

3.2.2　花境与地面铺装配置

花境可以配合城市道路、游园园路、休闲广场、台阶踏步等地面硬质铺装，使铺装得到一定程度柔化和装饰，这也是较为常见的景观设计元素。

3.2.3　花境与建筑小品配置

花境通常应用于建筑出入口、墙体边缘处等，用柔和的花境景观辅助、烘托建筑；花境与不同景观小品搭配可以形成不同效果。例如，花境与装饰性花钵、瓶罐等小品相搭配，整体构成绿地中的小焦点；与亭台等小型景观建筑搭配，则可以对亭台起到烘托与修饰作用；与园椅等公共设施搭配，则能够营造休闲放松的环境气氛。

3.2.4　花境与园林中山石水体搭配

花境与山石水体巧妙配合，可以形成富有韵味的、"你中有我、我中有你"的园林景观，使得原本的山水表达更加生动。

华南地区花境景观配置的主要特点有：

1. 配置形式多样

花境与草木、铺装、建筑小品、山石、水体等都有巧妙的组合，形成了千变万化的景观形式，景观要素间相互依托、和谐共生。每种景观配置形式基本都能通过花境植物或其他景观要素内部的细节处理，创造出前后、高低、深浅不同的空间层次。

2. 布局紧凑，景观精小

花境通常是绿地中的点睛之笔，布置在各个重要景观节点或示范路段中，与大片绿篱、花带以及乔灌木丛相比，面积较小，布局更加细密紧凑。由于受到华南地区独特的气候环境及园林景观风格的影响，花境中建筑小品、假山石等景观要素也具有小巧玲珑、自由通透的特征。

华南地区花境的配置目前也有不足之处，需要广大园林设计师们继续研究和探索。其主要存在的问题有：

（1）花境多以一两年生草本花卉为主，宿根花卉和花灌木应用较少

华南地区花境的配置形式主要有两种，一种是以建筑小品、雕塑和花艺为主，再

布置多种株型较为低矮的草花植物作为衬托，主要突出的是人工景观的造型，其人工痕迹较重；二是采用多种大小不同、形态各异的花卉植物，直接堆积在其他景观要素的周边，形成展览式的园圃景观，没有很好地进行种植形式上的拿捏，缺乏艺术手法的设计，能够较好地模拟自然花卉生长的花境不多。

宿根花卉和花灌木的应用较少，无法促成多样化艺术手法运用。

（2）不能很好立足于场地，较少关注观赏者的感官体验

一方面，华南地区花境景观大多用在专类园、花展以及节庆活动的装点，设计较少结合基地现状；另一方面，目前很多花境的景观细节设计还不够到位，花境设计中缺乏色彩的调和，花卉植物与其他景观要素之间的连接层次混乱，各要素之间不能很好地自然交融，不能满足观赏者对植物形、色、香、质的追求。

3. 花境景观的主题、意象单一

园林景观应当具有场所空间设计的内涵，景观设计师需要在提炼场地景观特征的基础上，结合独特的文化内涵和场地所需的功能，加以艺术的表现手法去诠释。华南地区花境景观设计应当是对华南自然环境和地域文化的体现。但目前华南地区花境多因节庆和赛事等而生，这些临时性的花境作品多是植物材料的堆叠，景观主题意象单一。

3.3　华南地区成功花境实践

3.3.1　第二十三届广州园林博览会花境

项目背景：广州园林博览会是广州每年农历春节必办项目，是广州市民春节出游的好去处。2017 年第二十三届广州园林博览会分为儿童公园主会场和流花湖分会场，本案例位于儿童公园主会场。

项目内容：立体花坛底部的花境布置，打破了传统立体花坛花带的布置手法，景观层次更加丰富，从传统的"大气简洁"手法向景观精细化、品质化方向发展。

具体设计：园博会"绿野仙踪"大草坪花海入口位置的花拱门部分以花境形式装扮底部位置（见图 3-1）。所用植物有孔雀草、金鱼草、彩虹朱蕉、矮蒲苇、大吴风草、大丽花等、一串红、茶梅等。观赏草类植物虽由偏北地方引入，但能适应广州冬天气温，亦为景观创新之举。以红、黄、橙作为主色调，如彩虹朱蕉＋孔雀草＋金鱼草搭配，且以形态、质感突出的矮蒲苇作为景观骨架植物，层次丰富明显。整体长度约 10 米，宽度约 1 米。

园博会中轴线部分的"莺歌燕舞"立体花坛底部亦采用花境形式布置，采用色块式植物布置搭配，打破传统色块式布置方式，为两面观赏花境。色彩多为红＋紫、黄＋品红、蓝＋橙搭配，白色花卉可起到调和色块作用。所用植物有金鱼草、中国

石竹、长夏石竹、矮牵牛、一串红、孔雀草、大丽花、籁杜鹃、薰衣草、深蓝鼠尾草等，并用花叶芦竹、圆叶棕竹间插其中，与立体造型搭配得当，亦起到打破单一形态、增强视觉吸引力的作用。花境长约 20 米，宽度为 4 米至 2.5 米不等。

图 3-1　入口花拱门底部花境

此外，其他苗圃花境亦有佳作，如一处以家庭内部环境为主体的作品中，其下部采用花境形式布置，所用前景植物有：常夏石竹、鹿角蕨、铁线蕨、六倍利、肾蕨等；中景植物有：波斯菊、大丽花、粗勒草、蟹爪菊、大花飞燕草、毛地黄等；背景植物有：月季、彩虹朱蕉等。花境整体布局得当、高低错落、体量得当，符合广州过年"花团锦簇、色彩艳丽"的审美传统。整体花境由两处植物组团组成，分别以月季和彩虹朱蕉＋彩叶芋作为主体，周边搭配高度略矮的西洋杜鹃、粗勒草、蟹爪菊等植物，而低矮花卉如常夏石竹、六倍利、角堇等则如流水般布置于植物组团周边，并用大花飞燕草、毛地黄作为植物组团间的过渡，高低搭配合理，色彩绚丽。

图 3-2 ～ 图 3-4 是花境设计特色举例：

图 3-2 花境局部 A

图 3-3 花境局部 B

图 3-4　花境局部 C

3.3.2　白云国际会议中心隔离带、路缘花境

项目概况：本项目位于广州市白云国际会议中心与鸣泉居间隔道路绿地位置，白云大道从西侧穿过。花境共分为三块，一块为中央隔离带绿地，一块为路侧绿地，还有一块为三角形绿化岛绿地。

项目设计：花境设计注重层次与色彩组合搭配，其标准搭配模式为新几内亚凤仙 + 彩叶草 + 夏堇 + 香彩雀。新几内亚凤仙色彩明快，成为花境中最耀眼的部分，彩叶草为红绿色系，起到协调过渡作用，夏堇具有花小叶多的特点，且较矮，其绿色系植物与新几内亚凤仙形成强烈对比，香彩雀花为蓝色，且高度较高，其色彩与红色的新几内亚凤仙形成调和作用。此标准模式间隔布置，以白色何氏凤仙、紫叶狼尾草协调过渡，穿插布置矮蒲苇、大花美人蕉等箭形叶植物，形成和谐整体的花境景观。位于路侧绿地和中央隔离带绿地的标准为同类植物色块尺度 80 厘米左右，而三角形绿化岛出于安全考虑，其花境色彩视觉冲击力更为强烈，故同类植物色块尺度标准为 2 米左右。

图 3-5～图 3-11 是花境设计特色举例：

图 3-5　中央隔离带花境

图 3-6　路侧绿地花境

图 3-7　三角绿化岛花境

图 3-8　中央隔离带花境局部

图 3-9　三角绿化岛花境局部 A

图 3-10　三角绿化岛花境局部 B

图 3-11　路侧绿地花境局部

3.3.3　广州大剧院花境

项目背景：素有"花艺界奥林匹克"之称的国际花卉艺术展于 2017 年空降花城广州，为迎接此次盛会的到来，广州市政府将广州大剧院、广州市第二少年宫和越秀公园作为本次会议举办会场，设置插花、花圃艺术展，亦供市民欣赏。

项目设计：本项目花境主要位于广州大剧院东侧绿地一带，长 60 余米，共分为南北两段。北段植物以观赏草类等箭形草本植物为设计主体，形成自然野趣、开合有度的花境风格，所用植物有紫叶狼尾草、芦苇、画眉草、粉黛乱子草、夏堇、芙蓉菊、红花玉芙蓉、黄穗、蜘蛛兰、花叶山菅兰、千日红、姜荷花、香彩雀等。

南段植物充分利用现有小叶紫薇、粉花夹竹桃等植物进行造景，并根据场地树阴环境打造不同特色的花境植物景观，此外还利用圆形灌木、伞形植物等不同形态植物形成层次丰富的花境植物特色，能较好地烘托节日氛围。多利用现有高大灌木或小乔木形成花境植物骨架，并用小灌木及草本植物与之搭配，如小叶紫薇＋黄金香柳球＋花叶垂榕＋红车＋姜荷花＋长春花，层次丰富多样，色彩绚丽。骨架植物之间则以灌木球过渡，起到簇拥骨架植物的作用。草本地被有孔雀草、红穗、向日葵、长春花、银边吊兰、千日红、彩叶草、香彩雀等。

图 3-12 ～ 图 3-18 是花境设计特色举例：

图 3-12　大剧院花境局部

图 3-13　有序的曲线外轮廓

图 3-14　草本植物与乔灌木合理搭配

图 3-15　花境借景广州塔

图 3-16 花境局部 A

图 3-17 花境局部 B

图 3-18　花境局部 C

3.3.4　广州荔湾区财富论坛花境

项目背景：2017 年全球财富论坛落户广州，为迎接此次盛会的到来，各区皆启动环境美化工程。荔湾区为迎接财富论坛，在沿江西路、陈家祠广场、黄沙大道等约 10 处道路 38 处节点进行环境升级。升级内容包括花箱、挂花、花带花境、立体花坛等。

项目概况：本花境项目位于广州市荔湾区芳村大道顺日德酒楼旁，总长度约 70 米，属于路缘花境。项目结合场地现有植物分布情况进行设计，清除原有杂灌木及草本，保留后排高大的棕竹、海芋等植物。设计选择色块形式进行花境布局，所用植物有木槿、变叶木、花叶芦竹、粉黛乱子草、黄穗、小叶紫薇、蒲苇、红叶狼尾草、大红花、鸟尾花等。简洁明快的色块式布局一反花境散碎的处理手法，令整条花境呈现出大气简洁的景观效果，布局如图 3-19 所示，且所用植物以多年生宿根花卉为主，较少采用一两年生草本花卉，无疑减少了养护成本，是长效型花境工程的代表。

图 3-19 ～图 3-22 是花境设计特色举例：

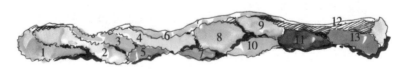

图 3-19　花境平面图

1-红叶狼尾草；2-蒲苇；3-黄穗；4-粉黛乱子草；5-沿阶草；6-海芋；7-变叶木；8-花叶芦竹；
9-木槿；10-大红花；11-鸟尾花；12-棕竹；13-小叶紫薇

图 3-20 花境局部 A

图 3-21 花境局部 B

图 3-22　花境局部 C

　　陈家祠花境位于陈家祠广场旁绿地，花境整体长约 50 米，宽度 2～3 米不等。花境整体风格大气简约，植物以块状形式种植为主，植物块长度 2～4 米不等，红黄两色搭配作为主色调，所应用植物有孔雀草、大花海棠、西洋杜鹃、花叶芦竹、花叶鸭脚木等。图 3-23 为避免花境过长带来的单调感，在适当位置种植簕杜鹃、红车等灌木以提升景观的观赏性。

图 3-23　陈家祠花境

3.3.5 广州林业和园林科学研究院花境推广

项目背景：广州市于 2017 年初开始在全市大力推广花境建设，计划投资数千万元鼓励全市花境建设。并于 2017 年清明后在广州市林业和园林科学研究院开展花境培训活动，本项目即为此次培训活动花境示范。

项目内容：本项目所建设的花境共分为路缘花境、阴生花境、坡地花境、滨水花境、中央隔离带花境和节点花境六种类型。

（1）路缘花境。该路缘花境分为两组，各具不同景观效果。一组颜色热烈，以红、黄色为主色调，给人以奔放活泼的感受，所用植物有紫锦木，长度约 11 米、宽度约 3 米。另外一组颜色素雅，以蓝、紫为主色调，给人以娴静平和之感，所用植物有蓝雪花，长度约 9 米，宽度约 2 米。

（2）阴生花境。由于阴生环境限制，所用植物主要以阴生为主，注重观叶效果，以绿、蓝为基调，所用植物有圆叶竹芋、矾根、滴水观音等。花境长度约 6 米，宽约 1 米。

（3）坡地花境。坡地花境巧借原有坡地地形，以不同花色簕杜鹃作为基调植物，形成"山花烂漫"的景观效果，同时充分借助场地现有滨水植物和高大乔木，作为花境的收尾部分和上层植物。场地高差约 3 米，底部为一处人工水池。

（4）中央隔离带花境。花境设置于隔离带掉头位置，宽度约 0.5 米、长度约 3 米。所用植物有吊兰、杜鹃红山茶等。

（5）节点花境。节点花境需考虑四面观赏效果，设计要求比一般花境高，长度约 6 米、宽度约 2 米，所用植物有：矾根、绣球、彩叶草、黄金麻、变叶木、芦苇、山茶、罗汉松、紫锦木、孔雀木、蓝花鼠尾草、梭鱼草、蓝雪花、七彩马尾铁、松红梅、朗格木、彩虹朱蕉等。整体层次丰富、色彩搭配舒适、高低错落有致、植物品种新颖。前景以色彩不一的矾根围边，干净利索。中景植物丰富，以红、蓝色搭配为主，如蓝雪花配红檵木、蓝花鼠尾草配彩叶草等。背景植物有山茶、紫锦木、罗汉松等，调和整体花境的外形轮廓。

图 3-24～图 3-28 是花境设计特色举例：

图 3-24 节点花境 A

图 3-25 节点花境 B

图 3-26 路缘花境

图 3-27　阴生花境

图 3-28　坡地花境

3.3.6 越秀公园花境

项目背景：本项目亦属于广州国际花卉艺术展项目，位于越秀公园会场。以小园圃布置为主，时而作为园圃配景，时而作为园圃主景。

项目设计：本次展览有十余处苗圃布置，以展览墙两侧苗圃为例进行说明。展览墙入口台阶左侧园圃以门框景墙为主体，底部花境设计所用植物有太阳花、矾根、各色簕杜鹃、变叶木、杂花马樱丹、红花玉芙蓉、如意万年青、澳洲狐尾花、舞春花、狗尾红、泰国龙船花、进口马蹄莲等。花境以色彩缤纷、花团锦簇为特色，配以雾喷效果，宛如仙境，并借助场地现有地形结合搭配，更突显错落有致、色彩缤纷的花境效果。花境长约 8 米、宽约 4 米。

图 3-29～图 3-33 是左侧园圃花境设计特色举例：

图 3-29　花境与景观小品搭配 A

图 3-30　花境与景观小品搭配 B

图 3-31　花境与景观小品搭配 C

图 3-32　花境与景观小品搭配 D

图 3-33　花境与云雾的结合

　　展览墙入口台阶右侧园圃以假山为主景，花境围绕假山布置，靠近假山位置用泰国龙船花围置，辅以变叶木、红花玉如意等红色系植物，颜色亮丽，下层以红掌、杂花马樱丹、狗尾红等色彩相对平和的植物围合，突出假山的个体性。最后外层再以舞春花、孔雀草、进口马蹄莲围边，色彩趋于鲜艳，突出边缘轮廓。花境长约 8 米，宽约 4 米。

　　图 3-34～图 3-38 是右侧园圃花境设计特色举例：

图 3-34　花境与建筑小品的结合

图 3-35　台式花境

图 3-36　分层花境 A

图 3-37　分层花境 B

图 3-38　分层花境 C

3.4　华南地区花境植物选择

3.4.1　花境植物选择条件

多数花境以宿根花卉为主，灌木或小乔木通常是作为填充或背景，再搭配一两年生的草本及球根花卉，花境的观赏期可以持续数月。花境中的植物配置要高低错落，层次分明，注意季相和色彩的变化。全年不同时节所表达出的景观各有不同，整体季相变化明显且丰富，这也是花境景观的特色。花境植物种植还应尽量节约成本，后期的养护管理不要太过繁杂；植物种植一次，至少应能够保持 3～5 年，因而生态性强、景观稳定也是花境景观的特点之一。这些特点决定了该选择什么样的植物材料来布置。应用于花境的植物通常应具备以下基本条件：

（1）能够适应当地的环境和气候条件。华南地区全年气候多温热湿润，热带植物较多，应当尽量选用本土植物种植，避免选择北方的植物种类，以免发生存活率不高或长势不好的情况，影响花境整体的美观程度。

（2）抗性强、低养护。花境植物应能够露地越冬，且不易发生病虫害。容易养护的花境可以节约大量的成本，如果植物选择恰当，植物生存能力强，那么每年不需要进行大面积换花。花境群体如果具有较强的稳定性，可以使花境景观更持久。利用花境植物种类的多样性和乔灌草的复层混植方式，能够使花境形成一处小型生态系统，从而增加其稳定性。一次投入，可多年观赏，是花境的营建目标，这也顺应了当前大力提倡的节约型园林设计理念。

（3）观赏期长。选作布置花境的植物有一个相同的特点：植物的观赏期（花期、绿期）较长，通常都能够达到两个月以上 [1]。

（4）具备应用于花境的景观价值。花境景观主要是由各种不同形态的花卉植物搭配而成，因此植物本身就应当具备较高的观赏价值。每种植物都能够发挥自己的观赏特点和优势，相互搭配综合表现花境中的垂直线条景观或平行线条景观、团块状景观或独特花头景观等。

（5）具备花境造景的功能。花境与花带和花坛不同的地方在于，花境更加注重植物搭配高低错落的层次感，因此所选植物在高度上通常有一定要求。每种植物根据高度的不同，可作为花境镶边，或可用于充当花境前景、中景、后景或背景。

3.4.2　华南地区植物特点

正所谓"一方水土养一方物"，华南地区由于处于独特的自然环境与社会环境，

---

① 王美仙. 花境起源及应用设计研究与实践［D］. 北京：北京林业大学，2009.

形成了具有强烈地域特色的热带植物景观。华南地区园林独具浓厚热带海洋气息。由于属于亚热带海洋性气候，华南地区终年炎热多雨，非常适合多种具有热带景观特色植物生长。例如，具有气根、板根的桑科榕属植物，具有掌状、羽状叶的棕榈科植物，能够在阴生环境中生长的蕨类、天南星科植物，部分兰科、凤梨科的附生植物，还有红树林、湿地植物景观等。华南地区利用这些热带植物造景的案例很多，比较著名的像广州兰圃中的附生植物景观、广州流花湖公园中的落羽杉林景观等。果树以及观叶、观花植物，芳香植物等的使用可以营造实用性与观赏性兼备的植物景观。

华南属于低纬度地区，这里日照时间较长且日照强度高，因此城市公共绿地中常常用树阴浓密的植物来防暑降温。例如，小叶榕、黄葛榕、橡胶榕、樟树等，也有很多树冠非常浓密的树种可以独自成景，如，独木成林的江门"小鸟天堂"。华南地区自古盛产佳果，因此市民们向来有在庭院种植果木的习惯，如"不愁日暮还家错，记得芭蕉出槿篱""荔枝时节出旌旃，南国名园尽兴游"。园林绿地中也可以经常见到菠萝蜜、莲雾、芭蕉、荔枝、龙眼等果木。华南地区观花、观叶的植物种类也非常多，这些植物有的花叶大而浓密，形态突出，色彩明艳，通常与常绿植物相搭配，形成绚烂缤纷、生动活泼的植物景观。常用的芳香类植物主要有白兰、桂花、九里香、兰花、茉莉、含笑等，华南地区园林的意境渲染和内涵营造通过芳香植物的运用变得更加丰富。华南地区园林景观基本上呈现出终年常绿、四季有花的状态，但是季相效果不是特别明显，差异性小的季相特征难免会使景观乏味单调，这是由自然环境限制所导致的。

华南地区的园林植物景观也跟其文化交相辉映，具体表现在对外来植物的兼容并蓄上。历史上频繁的移民、经贸活动除了极大地促进文化交流外，也推动了外来植物的引种栽培发展。据《元一统志》《南海志》记载，广东花卉在宋元时期数量急剧增长，不少植物都是从国外引种而来。外来植物的引进极大地丰富了园林植物品种，使华南地区能够营造出形态各异、风情万种的植物景观。华南地区人民一向务实，追求功效的最大化，植物在华南地区不单单是观赏对象，更重要的是能够创造经济效益，满足人们实际生活的需要。遮阴树、果木等实用型植物在华南地区得到了很好的利用，南方的暑热之苦因为遮阴树的应用而得到缓解，果木所提供的果实，也兼具观赏、食用和经济价值。

植物的应用方式与地方文化习俗也是相关的。华南地区园林植物的选择和利用，体现出明显的地方风貌和人文情怀。例如，在广东庭院中广泛种植的苹婆，它的果实在广东习俗中是乞巧节的祭品；樟树通常作为民间村落的风水林木；水翁花蕾是传统的广东凉茶成分之一。

总之，华南地区园林景观与自然环境以及人文环境是血脉相连的。尊重自然，尊重地域文化，应当是植物景观设计的基本原则之一。

3.5　华南地区花境植物应用特点

对华南地区常用的花境植物的观赏特性进行分析，根据植物的观赏部位、主要观赏色彩、季相变化及植物形态等方面进行统计，结果显示：在观赏部位方面，华南地区常用花境植物主要以观花、观叶为主。观果植物如木番茄、罗汉松等，芳香植物如黄金香柳、四季米仔兰等，观形或观干的植物如龙血树、旅人蕉等，相对占比较少。华南地区观花植物 139 种，常用花境观花植物主要以暖色系为主，占观花植物的比例高达 61.87%，主要集中在粉色、红色、黄色、橙色等，如汉娜红千层、澳洲茶、金亮锦带等；其次是调和系，主要为白色花，如灰莉、茉莉花；最后是冷色系，主要是蓝色、紫色、蓝紫色等，如大花紫薇、角茎野牡丹、乌干达赪桐等。观叶植物共 136 种，其中基本叶色 53 种，主要是绿色叶，包括绿色、蓝绿色、深绿色、亮绿色等，如龟背竹、鳞秕泽米铁、狐尾天门冬等；特殊叶色 88 种，其中常叶色 87 种，季节叶色仅金禾女贞种。叶色色彩方面，仍以暖色系为主的有 68 种，占观叶植物的 50%，如辉煌大叶女贞、肖黄栌、彩霞变叶木等。

在季相方面，秋季观赏植物数量最多，为 222 种；夏季次之，为 219 种；春季位居第三，为 185 种；冬季最少，为 150 种。从上述可以看出华南地区夏秋花境植物种类稍多于冬春，但差距不大，营造四季可观的花境材料丰富。夏秋主要以观花植物为主，集中在 5～10 月，是花境的最佳观赏季节；冬春以观叶和观形植物为主，观花植物次之，花主要以山茶科、蔷薇科及其他花等为主。

在植物形态方面，花境植物层次分为高度 30 厘米以下的前景、30～80 厘米的中景和大于 80 厘米的背景三个层次。华南地区花境背景植物材料非常丰富，背景植物多作为混合花境的骨架出现，主要凸显花境的主题。中景和前景植物种类较少，说明纯草本花境在华南地区应用较少，中小型的草本植物材料不足。

广东的常绿观花、观叶植物种类繁多，生长茂盛，能够保持四季有花、四季有景。笔者在对广州、深圳两座城市的花境进行不定期观察后发现，广东花境植物生长繁茂，营造的视觉效果热烈而饱满。花卉的种类多且观赏期长，设计合理的花境可使多种花卉全年依次开放，形成缤纷绚丽的色彩组合，热带植物景观特色突显，植物景观结构层次感丰富。广东地区花境通常采用浓密暗色调的乔木作为背景，用棕榈科、龙舌兰科或天南星科的植物高于地被作为视觉焦点，花大且色彩艳丽的灌木和草本、彩叶植物作为花境的主体结构，再用地被、藤本或其他景观元素如石头、雕塑、水体等作为装饰，形成层次丰富、结构突出的热带特色植物景观。

与国内外其他地区的花境相比，华南地区花境已经初步形成了地域特点，如华南地区花境的植物种类大多来自花灌木、小乔木以及多年生观叶植物（相对地，我国华东、华北地区，花境植物中多年生观花和观赏草类植物应用很少）；此外，广东花境还大量利用果木,如桔、芭蕉等营造出独具特色的"果乡"情调。

3.6 华南地区花境材料应用的不足

(1)花境中的植物材料通常以花灌木、小乔木、多年生草本观叶植物为主,一两年生花卉种类少、应用量大;而多年生草本观花植物、观赏草、藤本、水生植物等应用相对少。花境植物设计应该以自然生态为基本原则,在生态可持续的前提下,以花卉为主要的观赏对象。而目前华南地区花境使用较多的是一次性的一两年生草本花卉,较少运用景观效果良好且后期维护成本低的观赏草和多年生草本观花植物,这种花境布置方法与我国当前所提倡的节约型园林理念相违背,同时也不利于植物形成稳定且可持续的生态群落。

(2)乡土植物、新优植物种类应用较少,应用范围有限。从目前的统计数据上看,华南地区花境应用原产于中国的花卉植物种类不过 38 种,仅占我国所有植物种类的 23%,外来植物反而占据了华南地区花境景观的优势地位。另一方面,花境景观应该作为推广应用新优花卉植物的最佳试验场,但是目前应用的新优花卉品种并不是很多,大致还是维持着"年年岁岁花相似"的状态。在对实际花境案例中植物种类的观察与评估中也发现,有些花境植物适合在华南地区的气候下生长,其抗性及景观效果极佳,但有些花境植物虽然叶色或是花色亮丽,但是不适应华南地区的气候。有些花境植物虽然能够适应华南地区的气候,但其叶或花的观赏效果不佳。花境植物的选择应当综合考虑各项因素,根据植物生长适应性和景观应用效果,筛选出多种优秀的植物在华南地区的花境中广泛应用。

3.7 华南地区植物文化内涵

人们自古以来都善于托物言志、借物抒情,因此植物也被赋予了丰富的情感色彩和人文气息,这在一定程度上反映了地方审美特点、文化习俗以及民族个性。华南地区植物文化的内涵主要包括以下五类:

(1)吉祥的寓意。有吉祥寓意的植物有:白掌,寓意"一帆风顺";桃花,寓意"大展宏图"(粤语"宏图"与"红桃"音近);吉庆果,寓意"吉祥如意";富贵竹(又称"步步高"、金钱树、发财树等),寓意财运滚滚。两广人特别喜欢在家中、商贸环境中摆设这一类具有"财源广进""步步高升"等寓意的植物。

(2)饮食文化。与饮食文化密切相关的植物有:芭蕉、枇杷、石榴等不同种类的瓜果木,它们有着硕果累累和富足的寓意;姜、萱草、金银花和各类经常用来做汤茶的草药,这些植物除了具有很高的实用价值之外,大多数还蕴含了人们驱邪避害、安

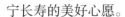

宁长寿的美好心愿。

（3）宗教文化。具有宗教文化内涵的典型植物代表是佛教的"五树六花"，其中"五树"指的是菩提树、高榕、贝叶棕、槟榔和糖棕；"六花"指的是：地涌金莲、文殊兰、荷花、鸡蛋花、黄姜花、缅桂花 [1]。

（4）风水文化。在风水文化中植物被赋予了不同的属性，例如属金的植物有：金边虎尾兰、金百合竹；属土的植物有金心巴西铁树等；属火的植物有：龙血树、红铁、五彩铁、马尾铁等。华南人非常信风水，他们无论在家中或是公共场所，都追求包括植物在内的所有事物的"对位"。

（5）人格品德。植物可以用来象征人格品质，例如兰花幽香高雅，具有"花中君子"的美誉 [2]；荷花玉洁冰清，被诗人称赞"出淤泥而不染"；菊花有着"三径就荒，松菊犹存"隐逸脱俗的气度；等等。

华南地区花境景观中意境的营造可结合这些具有华南本土人文特征的植物材料，也可以用中国传统植物文化的代表植物来表现，依据花境的不同构思、立意、形式和风格，在景观中释放出华南地区特有的神态气韵。

3.8 华南地区花境植物推荐

华南地区花境植物种类有一两年生草本植物（见表 3-1）、多年生宿根植物（见表 3-2）、多年生球根植物（见表 3-3）、灌木及小乔木植物（见表 3-4）、藤本植物（见表 3-5）、观赏草植物（见表 3-6）、水生植物（见表 3-7）。

表 3-1　一两年生草本植物

序号	种名	科属	株高（cm）	观赏性	颜色	观赏期
1	醉蝶花	白花菜科醉蝶花属	60 ~ 150	花	粉红	7 ~ 11 月
2	彩叶草	唇形科鞘蕊花属	30 ~ 50	叶	黄、红、紫	8 ~ 9 月
3	粉萼鼠尾草	唇形科鼠尾草属	40 ~ 60	花	紫	7 ~ 10 月
4	一串红	唇形科鼠尾草属	30 ~ 80	花	红、紫、白	7 ~ 11 月
5	长春花	夹竹桃科长春花属	30 ~ 60	花	紫红	全年
6	三色堇	堇菜科属	10 ~ 40	花	紫、黄	4 ~ 7 月
7	皇帝菊	菊科腊菊属	30 ~ 50	花	黄	9 月

① 谢经纬. 当代墓园景观设计中的文化属性研究［D］. 大连：大连工业大学，2014.

② 晏忠，蔡如. 浅析晚清岭南园林植物景观［J］. 南方建筑，2011（3）：48-51.

（续上表）

序号	种名	科属	株高（cm）	观赏性	颜色	观赏期
8	孔雀草	菊科万寿菊属	30～40	花	黄、橙	3～5月、8～12月
9	鸡冠花	苋科青葙属	40～100	花	黄红、黄	7～12月
10	切花石竹	石竹科属	30～50	花	紫红、红、白	5～6月
11	毛地黄	玄参科毛地黄属	60～120	花	白、粉、深红	5～6月
12	紫罗兰	十字花科紫罗兰属	30～60	花	紫红、淡红、白	4～5月
13	郁金香	百合科郁金香属	30～60	花	洋红、黄、紫红	3～5月
14	墨西哥鼠尾草	唇形科鼠尾草属	30～70	花	紫	8～11月
15	一串蓝	唇形科鼠尾草属	60～90	花	蓝	7～10月
16	薰衣草	唇形科薰衣草属	30～60	花	蓝紫	6月
17	百日草	菊科百日草属	40～120	花	黄、红、橙	6～10月
18	矮牵牛	茄科碧冬茄属	15～80	花	红、紫、粉红	5～7月
19	千日红	苋科千日红属	20～60	花	紫红	7～10月
20	向日葵	菊科向日葵属	100～200	花	黄	7～8月
21	凤尾鸡冠	苋科青葙属	30～60	花	红、橙	7～10月
22	羽衣甘蓝	十字花科芸薹属	20～40	叶	蓝紫、绿紫、绿黄	全年
23	金盏菊	十字花科芸薹属	30～60	花	橙	12～6月
24	万寿菊	菊科万寿菊属	10～30	花	黄	7～8月
25	夏堇	玄参科蝴蝶草属	15～30	花	紫、黄	7～10月

表 3-2　多年生宿根植物

序号	种名	科属	株高（cm）	观赏性	颜色	观赏期
1	蔓花生	蝶形花科蔓花生属	10～15	叶、花	黄	全年
2	水塔花	凤梨科水塔花属	50～60	花	红	6～10月
3	非洲凤仙	凤仙花科属	20～30	花	红、白、粉、紫	全年

（续上表）

序号	种名	科属	株高（cm）	观赏性	颜色	观赏期
4	沿阶草	百合科沿阶草属	10～30	叶、花	绿白	全年
5	兜兰	兰科兜兰属	20～50	花	黄、红、白	8～9月
6	大花蕙兰	兰科兰属	80～90	花	黄、紫红	10～4月
7	山菅兰	百合科山菅兰属	30～60	叶	黄绿	全年
8	蜘蛛抱蛋	百合科蜘蛛抱蛋属	40～80	叶	绿	全年
9	金边艳凤梨	凤梨科属	30～60	叶	红	全年
10	文心兰	兰科文心兰属	20～30	花	黄	2～11月
11	银脉凤尾蕨	凤尾蕨科属	20～40	叶	白绿	全年
12	天竺葵	牻牛儿苗科天竺葵属	30～60	花	红	5～6月
13	荷兰菊	菊科属紫菀属	50～100	花	紫红	8～10月
14	花叶艳山姜	姜科山姜属	100～200	叶香	黄绿	全年
15	黄虾花	爵床科虾衣草属	20～40	花	黄白	4～10月
16	鹿角蕨	鹿角蕨科属	40～100	叶	绿	全年
17	鹤望兰	旅人蕉科鹤望兰属	100～150	花、叶	黄橙紫	6～7月
18	丽格海棠	秋海棠科秋海棠属	20～30	花	红、粉	12～4月
19	白掌	天南星科苞叶宇属	40～60	花	白	5～8月
20	春羽	天南星科喜林芋属	50～100	叶	绿	全年
21	马缨丹	马鞭草科马缨丹属	不定	花	紫、红、黄、橙	全年
22	鸢尾	鸢尾科属	30～50	花	紫	4～6月
23	肾蕨	肾蕨科属	30～60	叶	绿	全年
24	龟背竹	天南星科龟背竹属	50～100	叶	绿	全年
25	巢蕨	铁角蕨科巢蕨属	100～120	叶	绿	全年
26	繁星花	茜草科五星花属	30～40	花	粉红、白色	3～10月
27	花烛	南天星科花烛属	50～80	花、叶	红	全年

序号	种名	科属	株高（cm）	观赏性	颜色	观赏期
28	小蚌兰	鸭跖草科紫背万年青属	15～20	叶	紫	全年
29	鸟尾花	玄参科炮仗竹属	60～100	枝条、花	红	5～10月
30	月季	蔷薇科蔷薇属	100～200	花	红、粉、白	4～9月
31	玫瑰	蔷薇科蔷薇属	100～200	花	紫红、白	5～6月
32	文殊兰	石蒜科文殊兰属	30～60	花	白	4～6月
33	肾蕨	肾蕨科属	50～80	叶	绿	全年
34	红掌	天南星科花烛属	30～50	花苞	橙红、猩红	全年
35	矾根	虎耳草科矾根属	20～25	花、叶	花红色、叶深紫	全年
36	白蝴蝶	天南星科合果芋属	40～60	叶	绿	全年
37	海芋	天南星科海芋属	50～150	叶	绿	全年
38	铁线蕨	铁线蕨科属	15～40	叶	绿	全年
39	绿玉粉黛叶	天南星科	30～90	叶	白绿	全年
40	四季秋海棠	秋海棠科属	20～40	花	红、粉、白	全年
41	银王亮丝草	天南星科广东万年青属	30～45	叶	白绿	全年
42	红龙草	苋科虾钳菜属	30～60	叶、花	紫红、花白	全年
43	大叶仙茅	石蒜科仙茅属	40～70	叶	绿	全年
44	中国石竹	石竹科属	20～60	花	紫红	4～5月
45	天门冬	天门冬科属	80～120	叶	浅绿	6～8月
46	艳锦密花竹芋	竹芋科艳锦花竹芋属	30～60	叶	红、黄、绿	全年
47	孔雀竹芋	竹芋科肖竹芋属	30～60	叶	深紫、绿	全年
48	紫背竹芋	竹芋科卧花竹芋属	30～80	叶	紫绿	全年
49	天鹅绒竹芋	竹芋科肖竹芋属	50～60	叶	黄绿	全年
50	红花酢浆草	酢浆草科属	15～30	叶、花	粉红	4～11月

表 3-3　多年生球根植物

序号	种名	科属	株高（cm）	观赏性	颜色	观赏期
1	郁金香	百合科郁金香属	20～70	花	红、紫、黄	3～5月
2	风雨花	石蒜科葱莲属	15～30	花、叶	紫红、粉、白	7～9月
3	水鬼蕉	石蒜科水鬼蕉属	30～70	花、叶、香	白	全年，花6～7月
4	美人蕉	美人蕉科属	100～150	花、叶	红、黄、橙、粉	全年
5	百合	百合科属	30～60	花、香	白、粉红、黄	4～10月
6	球根秋海棠	秋海棠科属	30～100	花	粉红	全年
7	文殊兰	石蒜科文殊兰属	50～100	花、叶、香	白	全年，花7月

表 3-4　灌木及小乔木植物

序号	种名	科属	株高（cm）	观赏性	颜色	观赏期
1	夹竹桃	夹竹桃科属	100～300	花	粉红、黄、白	6～10月
2	木芙蓉	锦葵科木槿属	200～500	花	粉红	8～10月
3	喜花草	爵床科喜花草属	70～150	花	蓝白	9～次年2月
4	百合竹	龙舌兰科龙血树属	50～120	叶	黄绿	全年
5	海桐	海桐花科属	60～150	叶、花	深绿	全年
6	朱缨花	含羞草科朱樱花属	100～200	花	红	4～10月
7	鸡蛋花	夹竹桃科鸡蛋花属	150～300	花、干、香	黄白	花5～10月
8	狗牙花	夹竹桃科狗牙花属	100～150	花	白	5～11月
9	悬铃花	锦葵科悬铃花属	30～60	花	红	9～12月
10	朱槿	锦葵科木槿属	100～300	花	红、黄、白	全年
11	鸡冠爵床	爵床科鸡冠爵床属	60～120	花	红	9～12月
12	金脉爵床	爵床科黄脉爵床属	50～80	叶	黄、绿	全年
13	竹蕉	龙舌兰科龙血树属	50～100	叶	黄、绿	全年
14	翠芦莉	爵床科芦莉草属	30～100	花	紫	4～10月

（续上表）

序号	种名	科属	株高（cm）	观赏性	颜色	观赏期
15	银叶金合欢	含羞草科金合欢属	100～300	叶、花	黄	2月
16	黄蝉	夹竹桃科黄蝉属	60～150	花	黄	5～10月
17	软枝黄蝉	夹竹桃科黄蝉属	60～150	花	黄	4～11月
18	梳华菊	菊科梳黄菊属	30～50	花	黄	6～10月
19	红花檵木	金缕梅科檵木属	60～120	花	红	4～5月
20	酒瓶兰	龙舌兰科酒瓶兰属	50～300	叶、干	深绿	全年
21	万年麻	龙舌兰科巨麻属	80～120	叶	绿	全年
22	变叶木	大戟科变叶木属	50～120	叶	黄绿、红	全年
23	红桑	大戟科铁苋菜属	100～200	叶	红	全年
24	芭蕉	芭蕉科属	200～300	叶、果	白花、果绿黄	花期7～9月，果期8～11月
25	一品红	大戟科属	50～100	花、叶	红、白	12～次年3月
26	龙牙花	蝶形花科刺桐属	150～300	花	红	6～7月
27	杜鹃	杜鹃花科属	50～120	花	紫红、粉红	3～6月
28	琴叶珊瑚	大戟科麻疯树属	100～200	花	红	全年
29	红背桂	大戟科海漆属	50～100	叶	红绿	全年
30	百合竹	龙舌兰科龙血树属	50～120	叶	黄绿	全年
31	桂花	木犀科属	50～300	花、香	淡黄	9～10月
32	山指甲	木犀科女贞属	70～150	花	白	5～7月
33	龙船花	茜草科龙船花属	80～150	花	红、黄	3～12月
34	美叶橡胶榕	桑科榕属	50～120	叶	紫红、黄红	全年
35	灰莉	马钱科灰莉属	60～120	花、香	白	4～8月
36	彩纹龙血树	龙舌兰科龙血树属	100～200	叶	红黄	全年
37	巴西铁树	龙舌兰科龙血树属	50～300	叶	黄绿	全年
38	小花龙血树	龙舌兰科龙血树属	100～300	叶	黄绿	全年

（续上表）

序号	种名	科属	株高（cm）	观赏性	颜色	观赏期
39	澳洲鸭脚木	五加科鸭脚木属	100～300	叶	深绿	全年
40	苏铁	苏铁科属	100～300	叶	深绿	全年
41	含笑	木兰科含笑属	50～150	花、香	白	3～4月
42	紫薇	千屈菜科紫薇属	100～300	花、果	紫、红、白	6～9月
43	月季	蔷薇科属	不定	花、香	红、多色	全年
44	桃花	蔷薇科李属	100～250	花	橘红	5～10月
45	斑叶垂榕	桑科榕属	60～200	叶	黄绿	全年
46	乌干达桢桐	马鞭草科桢桐属	30～60	花	蓝紫	5～11月
47	红车	桃金娘科蒲桃属	150	叶	红、橙红、绿	全年
48	黄金香柳	桃金娘科白千层属	400～700	叶	绿	全年
49	侧柏	柏科侧柏属	700～2000	叶、干	绿	全年
50	红纸扇	茜草科玉叶金花属	100～150	花、叶	深红	全年
51	剑麻	龙舌兰科属	100～150	叶	绿	全年
52	万年麻	龙舌兰科万年兰属	60～100	叶	绿	全年
53	金边露兜	露兜树科属		叶	绿	全年
54	花叶女贞	木犀科女贞属	200～300	叶、花	叶嫩绿、花白	花期5～6月
55	龟甲冬青	冬青科属	100～150	叶	绿	全年
56	美国槐	苏木科决明属	400～700	叶、花	叶绿、花黄	全年
57	洋金凤	豆科云实属	200～300	叶、花	叶绿、花橙红、黄	全年
58	蒲葵	棕榈科蒲葵属	200～700	叶	绿	全年
59	露兜树	露兜树科属	100～200	叶、果、干	黄绿	全年
60	朱蕉	龙舌兰科朱蕉属	100～300	叶	红	全年
61	鸳鸯茉莉	茄科鸳鸯茉莉属	50～100	花、香	紫白	4～10月
62	希茉莉	茜草科长隔木属	150～300	花	橘红	5～10月

（续上表）

序号	种名	科属	株高（cm）	观赏性	颜色	观赏期
63	云南素馨	木犀科素馨属	80～120	花	黄	5月
64	细叶萼距花	千屈菜科萼距花属	30～60	花	紫红	全年
65	金叶假连翘	马鞭草科假连翘属	50～150	叶、花	紫	5～10月
66	龙吐珠	马鞭草科赪桐属	100～200	花	白、紫红	7～10月
67	鸭脚木	五加科鸭脚木属	30～80	叶	深绿、黄斑	全年
68	南天竹	小檗科南天竹属	80～200	叶、花、果	花白、果红	花期5～6月，果期10～次年1月
69	栀子	茜草科栀子属	100～200	花、香	白	5～7月
70	九里香	芸香科九里香属	60～120	花、香	白	4～8月
71	巴西野牡丹	野牡丹科蒂牡花属	60～120	花	紫	5～次年1月
72	细叶棕竹	棕榈科棕竹属	100～300	叶	深绿	全年
73	四季桔	芸香科柑桔属	80～150	花、果、香	花白、果桔黄	全年
74	双荚决明	苏木科决明属	50～150	花、果	花黄、果绿	全年
75	洋金凤	苏木科云实属	80～150	花、果	橙红	全年
76	胡椒木	芸香科花椒属	30～90	叶、香	墨绿	全年
77	散尾葵	棕榈科散尾葵属	100～250	叶、干	黄绿	全年
78	袖珍椰子	棕榈科袖珍椰子属	100～200	叶	深绿	全年
79	南美苏铁	泽米铁科属	80～120	叶	浅绿	全年
80	日本桃叶珊瑚	山茱萸科桃叶珊瑚属	30～80	叶	黄绿	全年
81	茶花	山茶科山茶属	100～300	花、香	红	10～11月
82	橙花羊蹄甲	苏木科羊蹄甲属	50～100	花、果	橙红	花期5～10月，果期11～12月
83	蒲葵（小）	棕榈科蒲葵属	50～100	叶	绿	全年

表 3-5　藤本植物

序号	种名	科属	株高（cm）	观赏性	颜色	观赏期
1	大花老鸭嘴	爵床科山牵牛属	不定	花、干	紫白	5～11月
2	紫藤	蝶形花科紫藤属	不定	花、果、香、干	紫	花期4～5月，果期5月
3	三角梅	紫茉莉科叶子花属	不定	花、干	红、紫、白、橙	全年
4	金杯藤	茄科金杯藤属	不定	花、干	黄	2～7月
5	炮仗花	紫葳科炮仗花属	不定	花、干	橙红	1～6月
6	使君子	使君子科属	不定	花、干	红	5～9月

表 3-6　观赏草植物

序号	种名	科属	株高（cm）	观赏性	颜色	观赏期
1	花叶芦竹	禾本科芦竹属	100～200	叶	黄绿	全年
2	蒲苇	禾本科芦苇属	100～300	叶、花	绿	全年
3	紫叶狼尾草	禾本科狼尾草属	30～120	叶、花	浅绿、浅紫	全年
4	大布尼狼尾草	禾本科狼尾草属	60～150	叶、花	嫩绿、浅白	全年
5	粉黛乱子草	禾本科乱子草属	30～90	叶、花	绿、粉紫	花期9～11月
6	斑叶芒	禾本科芒属	100～120	叶	绿、白斑	全年
7	画眉草	禾本科画眉草属	20～60	叶	绿	全年
8	血草	禾本科白茅属	30～50	叶	红	全年
9	晨光芒	禾本科芒属	100～200	叶	绿	全年

表 3-7　水生植物

序号	种名	科属	株高（cm）	观赏性	颜色	观赏期
1	水生美人蕉	美人蕉科属	100～200	花、叶	粉红	全年
2	旱伞草	莎草科属	50～100	叶	黄绿、紫	全年
3	灯芯草	灯芯草科属	40～100	叶	绿	全年
4	水葱	莎草科藨草属	100～200	叶、花	绿	全年，花期6～9月

表 3-1 至表 3-7 说明：

（1）株高为植物在岭南园林中常见成熟植物株高；

（2）高度不定者为生长高度有多种，或攀援、下垂、匍匐等形态的植物；

（3）表中个别植物种类有多品种及相似种，如竹芋类、月季、三角梅、一串红、龙血树等，在此不做重复统计。

第 4 章　华南地区花境设计

4.1　花境的设计原则

4.1.1　因地制宜，整体规划

花境通常是作为园林绿地的一种设计元素，一般作为配景和点缀出现，对景观能够起到锦上添花的作用。因此花境的设计位置要恰当，设计时首先要思考园林绿地的整体规划以及花境所处的具体区域，在设计风格和配置上要与绿地整体的构思相统一。不同的场所选择的花境位置有所不同。例如公园或庭院中的节点花境通常布置在视线焦点处，它是作为一处主要的观赏景观出现；而公园入口、酒店入口等处的花境往往设置在大门两侧，对入口景观有很好的装饰作用，有的还可以引导游人。路缘、林缘花境则沿道路边缘布置，能够在一定程度上体现行进感，过程中富有节奏感和韵律感；建筑物与道路之间形成的狭长地带区域的花境，通常是作为一种基本的装饰，它弱化了建筑物与地面的过渡，使原本呆板、单一的笔直线条型道路，因为花境的引入，增加了平面上的曲线感和环境中的自然美、色彩美，使得空间形式得以丰富。因此，在不同的空间环境下，对花境的位置要求是有所不同的。

4.1.2　尺度比例和谐

花境并不是独立的，它与周边环境是一个整体。因此，花境需要设计为多大的尺度，需要将其放置于其所处的整个景观空间中进行考虑，即花境的大小可依据周围空间尺度大小来比较确定。在长花境中，若花境长度超过 20～30 米，中间可以留出一段空位，然后用常规的花灌木、地被等进行填充，这种做法不仅可以保证花境整体的纵立面能够产生富有韵律、变化有序的层次感，营造出优美的林冠线，还能够使每一段花境的立面效果都能更加突出，在后期进行养护管理时也更加容易维持原有的景观设计效果，便于管理。同时，设计中也要根据整体花境尺度的大小来确定所用花卉植物材料的体量大小，以使得所设计的花境中不同品种植物的比例搭配更加协调。

1. 种植间距

花境设计应适当考虑所选乔灌木、一两年生花卉、球根花卉、宿根花卉等植物的种植间距，这样不仅能够合理控制各种植物的平面组团大小，也能够计算出最后的植物用量[1]。通常花境中没有太多种植乔木的空间，因此花境中往往不用大乔木，一般选用的都是高度适中的慢生小乔木，它可以作为整个花境的框架。而速生树种就不适合种植于混合花境当中。在花境设计中，通常先确定乔木植物的种类，之后再搭配灌木植物，它们是花园的骨架。混合花境中多选用高度不一的灌木，作为背景或绿篱的大型灌木，其高度可以统一。乔灌木在混合花境中基本上是作为个体种植的，因此不需要考虑乔灌木之间的种植间距。但若作为背景，则需要比平时种植的密度更大一些。在混合花境中不常使用藤本植物，但藤本植物有着自身独特的优点。如果花境的空间尺度过小，种植不了乔灌木，就可以考虑布设藤架或篱笆等景观构筑物，在这些构筑物的基础上种植藤本植物。作为花境的背景，这种景观构筑物所充当的背景观赏价值也很高，并且不需要占据过多的空间，所以在竖向空间中有着较大优势。

混合花境中应用比例最大的是宿根花卉，它们是花境中的主角。宿根花卉根据其不同的尺寸、形态、质地、色彩，可以组合展示出丰富的花境景观。在花境中植物的种植间距方面，较为挺拔的尖塔形花卉例如火炬花、蜀葵、唐菖蒲等，它们的种植间距通常是其自身植株高度的四分之一。美国薄荷、金鸡菊等有一定高度的、竖向生长的丛生花卉，其种植间距通常是它们自身植株高度的二分之一。石竹、首草、景天等圆球形的丛生花卉，它们的种植间距即是它们成熟植株的高度。攀援性的地被植物的种植间距则是他们植株成熟高度的两倍。这是传统的种植原则。另外也可以根据植物在花境中的具体种植点的不同来调整确定植株的种植间距。岭南花境植物大部分是热带、亚热带常绿植物，植株多生长快而繁茂，应预留足够的空间予以生长。此外岭南植物季相变化不明显，应充分利用花、果、香和其他植物特性来补充花境的布置，营造动态的景观。种植在花境前缘且高度在 30 厘米以下的花卉，种植间距一般是20～30厘米。中等尺度的花卉种植间距以40～50厘米为宜。观赏草、美人蕉等尺度较大的花卉的种植间距一般为50～70厘米。多数宿根花卉的种植间距以35～45厘米为佳。从多数景观设计师的实操经验和美学的理论来看，草本宿根花卉以及一两年生花卉以3、5、7等奇数的条带形种植或成组种植为最佳，每个组群中通常包含3、5、7株植物不等。一般来说，5到7株植物搭配在一起就可以实现不同植物不同色彩和质地混合后的较好观赏效果。除此之外，花境中花卉植物的高度最好限定于花境总宽度的三分之二以下。比如，一个花境2米宽，那么最高的花卉植物高度不超过1.4米。这样的立面设计不会使花境整体产生上重下轻的感觉。一两年生花卉基本都是用作花境的镶边或是一些补充植物，它们的种植间距一般为30厘米。

球根花卉的种植间距最好是球根花卉宽度的3倍，这是球根花卉种植间距常用的计算方法。较小的球根植物通常可以按照8～10厘米的间距布置。而多数的球根花

---

① 童惜春. 花境植物材料的选择与应用探析［J］. 现代园艺，2012（14）：54.

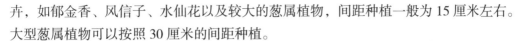

卉，如郁金香、风信子、水仙花以及较大的葱属植物，间距种植一般为 15 厘米左右。大型葱属植物可以按照 30 厘米的间距种植。

2. 植物团块尺度

植物团块是指花境中每一个植物品种所组成的丛状团块。其尺度主要是由团块中种植的植物数量来决定。通常大型的花卉植物团块能表现出较好的群体效果。花卉植物的生长形态基本可以总结为三角形、圆形或方形三种。通常三角形的花卉植物因为有着较为明显的顶端生长优势特点，顶端的尖角形态突出，主要用来表现花境中的竖向线条形景观，但它们的组团面积不能太大，过大的团块会使原本有特色的竖线条植物形态失去独有性，从而逐渐转变为水平线条，团块中植物的竖向线条感被削弱。相对地，圆形或方形的花卉植物则主要表现为水平线条景观，因此它们的组团面积在花境中应当占有较大比例，否则将导致花卉的水平线条感不明显。竖线条的花卉植物一般高度是团块宽度的两倍以上，这个尺度最有利于表现其竖线形状；水平线条的植物一般整体呈圆形或方形，其高度和宽度大致相同，如要表现其群体美的景观，那么组团的长轴最好大于植物高度的两倍。

4.1.3 风格与环境相协调

花境的风格要与所处的周边环境和谐融合，可以是野趣的、热烈的、静谧的、温馨的，营造这些不同的花境风格主要是通过植物的色彩、质地、姿态等方面进行表现[①]。要使花境能最大限度地展现较好的景观效果，在植物选择时，不仅要做到"适地适花"的设计规律，还应该尽量选择能够露地越冬、适应性强、后期不需要过于精细管理的花境植物。花期长且观赏价值高的植物是设计师们所共同追求的。

4.2 花境设计要点

4.2.1 花境轮廓设计

花境大多以条状或带状的形式出现，其边缘可用石头、瓦片、砖块、木条等垒筑而成，平床边缘则可以用低矮植物镶边[②]，如金边阔叶麦冬、红花酢浆草、葱兰等。花境外形轮廓清晰，既确定了花境植物的种植范围，也便于周边草坪的修剪和园路的清理工作，它的外形常随着地形、地势及周边建筑物的变化而出现外形轮廓上的多样性。

---

① 余昌明. 杭州地区花境植物材料及其应用研究［D］. 杭州：浙江大学，2011.
② 秦旭东. 浅谈北京中小型绿地建设［J］. 北京农业，2012（14）：54.

1. 直线形

直线形花境更加适合于规则式园林中使用，如果想让种植的花境植物排列成某种图案，直线形饰边可以增强形式感，或是受周边条件所限只能采用直线式收边。但要想打破直线形的死板，可以让个别植物长到花境外，柔化边缘线条，或是采用双层饰边。

2. 几何形

几何形轮廓也适合用于规则式园林中，但不同于直线形，几何形轮廓能给人带来更强的视觉效果。但在使用几何形轮廓时，尽量不要产生尖角，要灵活使用植物模糊外形，柔化尖角。

3. 曲线形

曲线形轮廓能给游园者带来"欲遮还羞"的乐趣，曲线轮廓将游园者的视角限制在拐弯处，令游园者产生一探究竟的好奇心理。但使用曲线轮廓时，要根据场地大小，加强曲线线条的韵律感、动感，及视觉的延展性，达到"画尽意在"的景观效果，让意境存在于观者的思绪里。

4.2.2 平面设计

花境平面设计无定式。由于花境的设计追求自然式，因此目前我国花境多采用自然斑块式的混植设计，即一种植物作为一个组团，每个组团的植株数目、规格可不一致，由连续多个组团自由不定式地紧密相连，形成疏密有致、自然生动、富有意趣的植物组合。

花境的外形轮廓、组团数量多少及面积的大小依据花境的立地环境、营建主题和花境尺度来决定。道路绿化隔离带花境、路缘花境这类带状花境若跨度较大的话，植物组团常采用有规律的重复布置，形成规整的直线或自由的曲线轮廓。通常这类花境变化均匀，具有节奏感和韵律感。道路交通岛花境、开放式草地花境这类岛状或多面观赏花境，其组团通常按一到多个点为中心布置植株高大、形态突出的植物组团，围绕其四周自由或规则布置。其他次要组团，形成不定式轮廓。这类花境通常形成主次分明、协调统一的构图。

花境的长短不定。长度在10～100米皆可，如果花境过长，可以将花境总体划分为几段，但是每段花境最好不要超过20米。花境的宽度适度即可，一般开敞绿地单面花境宽3～4米，双面花境宽4～8米，庭院内花境宽一般为1～2米，控制在庭院宽的四分之一以内。这些都非定论，应依据实际情况而考虑，如岭南花境多采用灌木小乔木或驱干木质化的多年生草本植物，模拟热带植物自然群落，因地设景而灵活布局，无严格固定的花境尺寸规格。组团植物品种依据花叶色、观赏期和植株的大小高度而选定。植株最好呈奇数布置，高的植物布置于单面花境的后端或多面花境的中心，其他植物按观赏期的不同相对均匀地错开，以保证全年有花可赏。

花境的平面设计形式有以下几种：

1. 节奏与韵律的组合——拟三角形

拟三角形的花境（见图 4-1）中，各个植物组团在平面设计中是由大小各不相同的三角形所构成，其纵向层次不多，各个植物组团之间的组合形式相对简洁明了。整体来看，几种花卉组团之间相互交错，从不同角度来看都能形成多种植物层次，这样的平面形式可以形成极强的节奏感和韵律感。游人在观赏拟三角形花境时，能够更加容易地品味出这种富有变化的韵律。此类花境层次较少，选择的植物不多，因此在养护管理方面相对容易。所以这种花境形式更加适应用于城市道路或者现代感较强的环境中，它的优势在于后期养护的成本较低，但景观的韵律感极强。

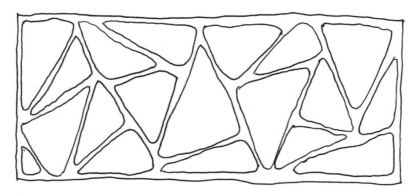

图 4-1　拟三角形花境

2. 流动与丰富的组合——飘带形

英国园艺师杰基尔（Gertrude Jekyll）最先提出了飘带形的花境（见图 4-2）组合方式[①]。花境中的不同植物组团在平面形式上呈现狭长飘带形（swath drift）的组合，每个团块与主视点大约成 45° 的角度，极具动感和灵气。对这些飘带团块的长度没有明确的限制，但它们彼此之间需要有一部分是重叠在一起的，立面的层次也相当丰富。突出良好的景观效果、遮蔽欠优的景观是这种组合方式的最大特点。由于花境中的花卉植物四季都在表现花开花落的景观，不同植物之间必定会互相作用，一些植物在花期过后，观赏效果不佳时，可以被前面重叠的开花植物所遮挡，二者形成互补，提高了花境的流动性和韵律感，也增强了景观的丰富性，还为设计增加了较好的审美趣味。杰基尔曾经指出"组合中的飘带长度和宽度可以是不均等的。但作为一个指导准则，每个飘带可以遵循长宽比为 3∶1 的原则，也就是每个飘带的长度是宽度的 3 倍。"这种花境设计方法所选用的植物一般较多，层次感更为丰富，所以相比之下需要较多的后期养护管理。因此这种花境形式更适合布置在公园绿地中。

---

① 王美仙. 花境起源及应用设计研究与实践［D］. 北京：北京林业大学，2009.

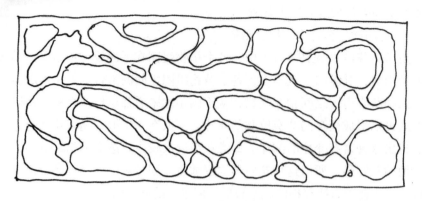

图 4-2　飘带形花境

3．神秘与渐变的组合——半围合形

半围合形花境（见图 4-3）中的植物组团在平面设计上是一些半围合的大组团中设计有一些小组团的类型。这种植物平面设计方法虽然没有前面提到的两种形式富有动态感，但是它却有着独特的趣味性和神秘感。因为在游人观赏花境的时候，如果观赏点是花境的一端，就只能看到花境的主要轮廓，花境中小组合的细致景观所带来的惊喜只有深入地顺着花境行走才能品味到。首先，由于花境中的这些小团块是包含在组团中的，花境的总体外轮廓主要是由大组团中较高的花卉植物决定，花境有较强的整体感。其次，小团块中的组合又可以使得植物色彩和种类多样化，这就使得花境在保持其整体感的同时又能够有变化，增强了趣味性，与风景园林中"曲径通幽、步移景异"的景观有着异曲同工之妙。这种花境设计手法的层次较为多样，因此也同样需要较多人力物力进行后期的养护管理，通常应用在公园绿地中。

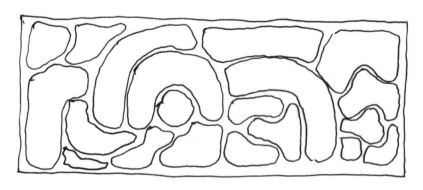

图 4-3　半围合形花境

4．自由斑块状组合——无序形

目前我国花境设计中用得最多的是无序组合形（见图 4-4）。原因可能是这种花

境形式更加容易表现在图纸上，另外也是为了追求自然美，花卉团块之间没有特定规律的搭配能够更为简单地将花境的立面景观反映到平面上，生成这样一种特殊的组合方式。这种花卉植物的组合方式无需在平面中进行太多的设计，但其美观与否更依赖于造园师纯熟的植物组合功底。尤其是对植物色彩的拿捏以及立面上的层次设计。这种花境形式层次丰富，包含的花卉植物种类繁多，适用于公园绿地。

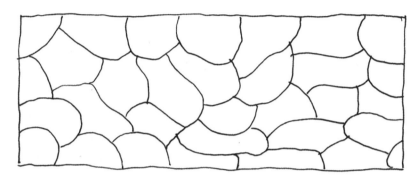

图 4-4　无序形花境

综上可得，花境的平面组团形式可以按照一定的规律和章法来设计，它们在一定程度上能够影响和体现花境的设计风格。如果设计师有意表现节奏感和韵律感，那么选用拟三角形的组合方式更能表现层次丰富、流动感强的花境。飘带形的组合方式则使花境富有神秘感，能够产生步移景异的意境。选用半围合形组合形式则重在表现花卉相组合的效果，这时也可选用无序形组合。这几种花境形式虽然在理论上适用于任何场所，但由于目前国内的养护管理水平的限制，使其各有最适合应用的场地。但也不必过于教条，只要养护管理的水平允许，任何一种形式的花境都可以应用。

4.2.3　立面设计

花境与花坛在设计上有着本质区别。一般而言，在花坛的设计中，往往先从平面构图形式开始着手，而花境则更加注重表现竖向上的景观效果，是具有立面层次的设计。花境是通过不同植物的前进后退、高低起伏，形成层次丰富、错落别致的景观效果。因此将花坛的设计方法照搬到花境设计中往往不能达到很好的效果。在确定花境的主题或者风格之后，就应当考虑花境立面的景观效果。运用不同的设计手法如色彩、植物质地、季相等表现其立面景观。

花境立面的远近高低层次，一般由植物高度决定。不同种类的植物，其高度差异往往比较大。宿根花卉的高度一般集中在 0.3～1.5 米的范围内。在花境设计中，通常将较高的花卉植物布置于单面观赏花境的后面，它们可以起到很好的背景作用。这样使得花卉之间不会互相遮挡，有利于人们观赏到花境的全部景观。这些较高的植物也可以布置在多面观赏花境的中心作为主景。相对地，较为低矮的植物往往布置在靠近观赏者的地方或是在主景四周布置，中等高度的植物则作为中景植物布置在前、后植物中间，起到过渡作用，也可灵活地穿插在花境中间，以增加花境整体的动感。前景植物一般使用株高30厘米以下的一两年生或多年生草本植物；中景植物一般使用株高30~80厘米的多年生草本植物及灌木，背景植物选择80厘米以上的大型草本植物或灌木及小乔木。但在实际布置中也没必要完全按照后面高前面低的原则规整地排列，可以在前景和中景处穿插少量的尖塔形植物作为点缀，使得花境的整体层次前低后高的同时又不显呆板，富有变化，如蛇鞭菊、假龙头等尖塔形植物都是很好的立面设计材料。

另外花境立面的横向起伏层次，通常是由植物的外形轮廓决定的，设计者应当合理配置，使得每种植物的外形形态都能够合理地相互匹配，种植于正确的位置，发挥最大的景观效果。植物不同形态的合理搭配在景观中起到指引视线、制造空间线或面的作用，它能够影响花境布局的多样性和统一性，也关系到花境整体景观构图。华南地区花境植物可根据植物的茎、叶、花的组织序列及生长趋势，大致分为以下几种形态：

（1）低矮匍匐型。代表植物：大花马齿苋、细叶萼距花、网纹草、花叶常春藤、波士顿蕨、一叶兰、银边草、银边露兜等。低矮匍匐型植物的茎干贴近于地面水平生长，它们的叶片小而浓密。这类植物能够使花境产生宽阔、外延、平稳的空间感，引导观赏者的视线向水平开展。

（2）向上直立型。代表植物：醉蝶花、美人蕉、夹竹桃、绿蒿、松红梅、马利筋、翠芦莉等大部分草花和孤植灌木、小乔木等。向上直立型的植物茎干呈垂直向上生长趋势且形状明显，这类植物能够引导观赏者视线竖直向上，打破花境原本的水平线条，给花境空间增加了竖向垂直感和高度感。

（3）放射簇生型。代表植物：苏铁、露兜树、芭蕉、文殊兰、剑麻等。放射簇生型植物的叶片是从茎端生长出来的，通常呈球形或掌状，植物形态由里往外发散。由于此类植物具有突出的外形，能够聚拢观赏者视线，通常成为视觉焦点。此类植物不能大面积使用，通常起局部点缀的作用。

（4）茂密丛生型。代表植物：水鬼蕉、竹芋、金叶假连翘、红花檵木等。茂密丛生型植物的枝叶同时向上及四周分生，具有枝繁叶茂的特点，大部分都是一两年生草本植物。此类植物没有明显的方向性，其植物团块能够给花境带来体积感和稳定感。

（5）攀援、悬垂或不定型。代表植物：天门冬、云南素馨、藤本月季、三角梅、使君子、软枝黄蝉等。攀援、悬垂或不定型植物的茎叶向上攀援、向下悬垂或蔓性不定型生长。由于这类植物攀援的方向向上或向下延伸，能够引导观赏者视线向上或向下运动，同时具有柔化硬质空间的作用。

植物形态的分类有助于明确花卉植物在设计组合中的高低、前后、疏密及主从关系。茂密丛生型的植物具有厚实的"面"，它能够增强花境整体的稳定平衡感，通常连续排布作为花境的主体结构。直立向上型的植物则适合穿插在带状花境中，以将过长的水平线打断，克服平庸呆板的缺点，适宜做花境的中景，与茂密丛生型植物一起作为花境的主体。放射簇生型或外形较为特殊的植物可以成为花境整体布局中的焦点，常点植于花境中作为主景；但要注意不能多次重复使用，否则会使得花境杂乱，没有重点。攀援植物及悬垂植物等的可塑性非常强，外形柔和。其包容的曲线是丰富立面层次、修饰复杂空间、衔接以及过渡不同层次空间的良好材料。通过不同形态植物的对比与互补，也更有利于形成优美协调的花境。但必须强调的是，花卉植物形态并不是一成不变的，会随着环境、人为或自身生长发育情况而发生变化。华南地区的气候有着全年温暖湿润的特点，因此大部分植物的生长速度较快，在选用花境植物时应充分了解植物生长习性和发展趋势，在设计中有预见性地给植物留出足够的生长空间，并且将速生植物与慢生植物进行合理搭配。

　　表 4-1，4-2，4-3 分别介绍了前景植物、中景植物、背景植物的种名、科属、观赏性、颜色、观赏期。

表 4-1　前景植物（高度 30 厘米以下）

序号	种名	科属	观赏性	颜色	观赏期
1	矮牵牛	茄科碧冬茄属	花	红、紫、粉红	5～7 月
2	三色堇	堇菜科	花	紫、黄	4～7 月
3	千日红	苋科千日红属	花	紫红	7～10 月
4	万寿菊	菊科万寿菊属	花	黄	7～8 月
5	夏堇	玄参科蝴蝶草属	花	紫、黄	7～10 月
6	蔓花生	蝶形花科蔓花生属	叶、花	黄	全年
7	沿阶草	百合科沿阶草属	叶、花	绿白	全年
8	非洲凤仙	凤仙花科属	花	红、白、粉、紫	全年
9	小蚌兰	鸭跖草科紫背万年青属	叶	紫	全年
10	铁线蕨	铁线蕨科属	叶	绿	全年
11	四季秋海棠	秋海棠科属	花	红、粉、白	全年
12	中国石竹	石竹科属	花	紫红	4～5 月
13	红花酢浆草	酢浆草科属	叶、花	粉红	4～11 月

（续上表）

序号	种名	科属	观赏性	颜色	观赏期
14	郁金香	百合科郁金香属	花	红、紫、黄	3～5月
15	风雨花	石蒜科葱莲属	花、叶	紫红、粉、白	7～9月
16	丽格海棠	秋海棠科秋海棠属	花	红、粉	12～4月

表4-2　中景植物（高度30～80厘米）

序号	种名	科属	观赏性	颜色	观赏期
1	醉蝶花	白花菜科醉蝶花属	花	粉红	7～11月
2	彩叶草	唇形科鞘蕊花属	叶	黄、红、紫	8～9月
3	粉萼鼠尾草	唇形科鼠尾草属	花	紫	7～10月
4	一串红	唇形科鼠尾草属	花	红、紫、白	7～11月
5	长春花	夹竹桃科长春花属	花	紫红	全年
6	皇帝菊	菊科腊菊属	花	黄	9月
7	孔雀草	菊科万寿菊属	花	黄、橙	3～5月、8～12月
8	百日草	菊科百日草属	花	黄、红、橙	6～10月
9	凤尾鸡冠	苋科青葙属	花	红、橙	7～10月
10	羽衣甘蓝	十字花科芸薹属	叶	蓝紫、绿紫、绿黄	全年
11	金盏菊	十字花科芸薹属	花	橙	12～次年6月
12	鸡冠花	苋科青葙属	花	黄红、黄	7～12月
13	水塔花	凤梨科水塔花属	花	红	6～10月
14	兜兰	兰科兜兰属	花	黄、红、白	8～9月
15	大花蕙兰	兰科兰属	花	黄、紫红	10～次年4月
16	山菅兰	百合科山菅兰属	叶	黄绿	全年
17	蜘蛛抱蛋	百合科蜘蛛抱蛋属	叶	绿	全年
18	金边艳凤梨	凤梨科属	叶	红	全年
19	文心兰	兰科文心兰属	花	黄	2～11月

（续上表）

序号	种名	科属	观赏性	颜色	观赏期
20	银脉凤尾蕨	凤尾蕨科属	叶	白、绿	全年
21	天竺葵	牻牛儿苗科天竺葵属	花	红	5～6月
22	荷兰菊	菊科属紫菀属	花	紫红	8～10月
23	黄虾花	爵床科虾衣草属	花	黄、白	4～10月
24	鹿角蕨	鹿角蕨科属	叶	绿	全年
25	鹤望兰	旅人蕉科鹤望兰属	花、叶	黄、橙、紫	6～7月
26	白掌	天南星科苞叶宇属	花	白	5～8月
27	春羽	天南星科喜林芋属	叶	绿	全年
28	海芋	天南星科海芋属	叶	绿	全年
29	肾蕨	肾蕨科属	叶	绿	全年
30	繁星花	茜草科五星花属	花	粉红、白色	3～10月
31	花烛	南天星科花烛属	花、叶	红	全年
32	绿玉粉黛叶	天南星科	叶	白绿	全年
33	银王亮丝草	天南星科广东万年青属	叶	白绿	全年
34	红龙草	苋科虾钳菜属	叶、花	紫红、花白	全年
35	大叶仙茅	石蒜科仙茅属	叶	绿	全年
36	艳锦密花竹芋	竹芋科艳锦花竹芋属	叶	红、黄、绿	全年
37	紫背竹芋	竹芋科卧花竹芋属	叶	紫绿	全年
38	天鹅绒竹芋	竹芋科肖竹芋属	叶	黄、绿	全年
39	水鬼蕉	石蒜科水鬼蕉属	花、叶、香	白	全年，花期6～7月
40	美人蕉	美人蕉科属	花、叶	红、黄橙、粉	全年
41	百合	百合科属	花、香	白、粉红、黄	4～10月
42	球根秋海棠	秋海棠科属	花	粉红	全年
43	文殊兰	石蒜科文殊兰属	花、叶、香	白	全年，花期7月

（续上表）

序号	种名	科属	观赏性	颜色	观赏期
44	喜花草	爵床科喜花草属	花	蓝白	9～次年2月
45	百合竹	龙舌兰科龙血树属	叶	黄绿	全年
46	悬铃花	锦葵科悬铃花属	花	红	9～12月
47	朱槿	锦葵科木槿属	花	红、黄、白	全年
48	鸡冠爵床	爵床科鸡冠爵床属	花	红	9～12月
49	金脉爵床	爵床科黄脉爵床属	叶	黄绿	全年
50	竹蕉	龙舌兰科龙血树属	叶	黄绿	全年
51	翠芦莉	爵床科芦莉草属	花	紫	4～10月
52	梳华菊	菊科梳黄菊属	花	黄	6～10月
53	变叶木	大戟科变叶木属	叶	黄绿、红	全年
54	一品红	大戟科属	花、叶	红、白	12～次年3月
55	杜鹃	杜鹃花科属	花	紫红、粉红	3～6月
56	马缨丹	马鞭草科马缨丹属	花	紫、红、黄、橙	全年
57	巴西铁树	龙舌兰科龙血树属	叶	黄绿	全年
58	龙船花	茜草科龙船花属	花	红、黄	3～12月
59	美叶橡胶榕	桑科榕属	叶	紫红、黄红	全年

表4-3 背景植物（高度在80厘米以上）

序号	种名	科属	观赏性	颜色	观赏期
1	向日葵	菊科向日葵属	花	黄	7～8月
2	花叶艳山姜	姜科山姜属	叶	黄绿	全年
3	龟背竹	天南星科龟背竹属	叶	绿	全年
4	巢蕨	铁角蕨科巢蕨属	叶	绿	全年
5	天门冬	天门冬科属	叶	浅绿	6～8月
6	夹竹桃	夹竹桃科属	花	粉红、黄、白	6～10月

（续上表）

序号	种名	科属	观赏性	颜色	观赏期
7	木芙蓉	锦葵科木槿属	花	粉红	8～10月
8	海桐	海桐花科属	叶、花	深绿	全年
9	朱缨花	含羞草科朱樱花属	花	红	4～10月
10	鸡蛋花	夹竹桃科鸡蛋花属	花、干、香	黄白	花5～10月
11	狗牙花	夹竹桃科狗牙花属	花	白	5～11月
12	朱槿	锦葵科木槿属	花	红、黄、白	全年
13	银叶金合欢	含羞草科金合欢属	叶、花	黄	2月
14	黄蝉	夹竹桃科黄蝉属	花	黄	5～10月
15	软枝黄蝉	夹竹桃科黄蝉属	花	黄	4～11月
16	红花檵木	金缕梅科檵木属	花	红	4～5月
17	酒瓶兰	龙舌兰科酒瓶兰属	叶、干	深绿	全年
18	万年麻	龙舌兰科巨麻属	叶	绿	全年
19	红桑	大戟科铁苋菜属	叶	红	全年
20	芭蕉	芭蕉科属	叶、果	白花、果绿黄	花期7～9月，果期8～11月
21	龙牙花	蝶形花科刺桐属	花	红	6～7月
22	琴叶珊瑚	大戟科麻疯树属	花	红	全年
23	红背桂	大戟科海漆属	叶	红绿	全年
24	桂花	木犀科属	花、香	淡黄	9～10月
25	山指甲	木犀科女贞属	花	白	5～7月
26	彩纹龙血树	龙舌兰科龙血树属	叶	红黄	全年
27	小花龙血树	龙舌兰科龙血树属	叶	黄绿	全年
28	凤尾丝兰	龙舌兰科丝兰属	叶、花	蓝绿	全年，花期5～9月

序号	种名	科属	观赏性	颜色	观赏期
29	含笑	木兰科含笑属	花、香	白	3～4月
30	紫薇	千屈菜科紫薇属	花、果	紫、红、白	6～9月
31	桃花	蔷薇科李属	花	橘红	5～10月
32	斑叶垂榕	桑科榕属	叶	黄绿	全年
33	露兜树	露兜树科属	叶、果、干	黄绿	全年
34	朱蕉	龙舌兰科朱蕉属	叶	红	全年
35	希茉莉	茜草科长隔木属	花	橘红	5～10月
36	龙吐珠	马鞭草科赪桐属	花	白、紫红	7～10月
37	南天竹	小檗科南天竹属	叶、花、果	花白、果红	花期5～6月，果期10～次年1月
38	栀子	茜草科栀子属	花、香	白	5～7月
39	九里香	芸香科九里香属	花、香	白	4～8月
40	细叶棕竹	棕榈科棕竹属	叶	深绿	全年
41	四季桔	芸香科柑桔属	花、果、香	花白、果桔黄	全年
42	洋金凤	苏木科云实属	花、果	橙红	全年
43	散尾葵	棕榈科散尾葵属	叶、干	黄绿	全年
44	袖珍椰子	棕榈科袖珍椰子属	花、香	红	10～11月
45	茶花	山茶科山茶属	叶	深绿	全年
46	澳洲鸭脚木	五加科鸭脚木属	叶	深绿	全年
47	苏铁	苏铁科属	叶	深绿	全年
48	花叶芦竹	禾本科芦竹属	叶	黄绿	全年
49	蒲苇	禾本科芦苇属	叶、花	绿	全年

4.2.4 色彩设计

色彩主要包括色相、明度、纯度三个要素①。色相是指色彩本身的相貌、色别名称，诸如红、桔红、翠绿、湖蓝、土黄等。明度是指色彩的明暗，即色彩的深浅差别。明度的差别包括两个方面：一方面是指某一色相的深浅变化，例如粉红、朱红、深红虽然都是红，但一种比一种深；另一方面是指不同色相间存在的明度差别，例如六个标准色中，黄最浅，紫最深，橙和绿、红和蓝处于相近的明度之间。纯度即是指各色彩中所包含的单种标准色成分的多少，越纯的颜色色感越强。因此纯度表示色彩强弱。至于色相、明度、纯度这三者之间的关系，具体来说，假如在一个色相中加入白色，那么其纯度会降低但明度会增加；如果加入黑色，则其纯度和明度都会有所降低。

色彩是人们观赏花境景观时最先形成的印象，因此色彩很大程度上决定了花境的特色。很多设计领域都探讨色彩的设计，色彩的设计是相当广泛的，尤其在建筑、园林景观、服装、工业产品、室内装饰等都有涉及。色彩搭配的基础理论应当是具有普适性的，它可以应用于任何一门艺术类学科。将色彩单纯与某种特定艺术学科相结合的并不多见，因此本章不对色彩的基本理论和基础设计原则进行阐述，而是将色彩理论中与花境设计相关的内容进行提炼和整合，研究的重点放在色彩在花境设计中的应用。不同色彩的植物合理搭配而成的花境色彩给人们带来美的享受，不同风格、不同色调的色彩搭配能够激发人们不同的心理效应。一个场所中的尺度大小、空间感以及各处细节等给人们带来的主观感受都可以根据花境植物色彩的不同而清晰地表现。色彩作为花境中最为突出的特征，应该依据不同主题和功能的需要，合理搭配以达到烘托空间环境、营造丰富游人视觉体验的景观效果。花境色彩主要来源于花卉植物的花与叶。花朵的色彩、种类繁多且变化丰富，并具有时节性；叶的色彩虽不如花的色彩纷繁，其持续表现力却要比花色更为突出，并且是花境中色彩过渡、季节过渡的良好材料。冷色调的以紫色、蓝色为主，这些色彩在夏季能够带给游人舒爽凉快的感受；暖色调以红、橙、黄为主，能够给人以欢快、温暖、喜庆、热情的感觉。花境的色彩设计应当综合考虑植物花与叶色彩的景观效果和持续力，并且统筹平衡两者间的应用比例，以增强花境色彩的表现力。

花境设计的色系选择应当依据花境的立地环境状况和所承担功能来确定，像幼儿园周边、公共绿地、节庆广场等处的花境应以暖色系为主，暖色系更易烘托热闹、欢庆的气氛；在安静休闲度假区、居住小区、医院、疗养地的周边、校园教学区以及夏天的花境中，为了营造祥和、舒爽、静谧的氛围，应以冷色系为主。

---

① 郭卓. 花境类型及设计要点 [J]. 中国园艺文摘，2011（1）：106-109.

● 色彩布置的位置能够影响花境的空间感

不同色彩植物的布置位置能够影响花境的整体空间感。整体空间感的增加或缩小可以通过花卉植物色彩的配置在一定程度上实现。如果需要增强花境的长度或纵深感，可在花境的末尾或是花境的背景处种植冷色调或较为淡雅的植物，种植质地较为轻盈的花卉植物如狼尾草、钓钟柳、大滨菊、鼠尾草等也可增大花境原本的尺度感。与之相反，如果将美人蕉、松果菊、黑心菊等深色或质地较为厚重的花卉布置于花境的末尾或背景处则会将花境的尺度感缩小。

暖色给人以亲切、温暖之感，暖色使空间变小、集中；而冷色则会给人以距离、凉爽之感，使得空间看上去变大、发散。在现代家居装修中也经常会用到色彩的这一特点，室内设计师们会根据房间的大小和功能去选择不同色系的粉刷材料美化墙面。同理，在花境设计中也会借助色彩这方面的特性。空旷场地中的花境常常使用暖色调植物，比如草坪花境、大型公园节点花境、广场花境等，这样不仅可以拉近观赏者与花境的距离，也在心理上缩小草坪与硬质铺装的面积，使整个景观空间更加怡人；而在较为窄小的庭院角隅或是狭小的园路旁设计的花境，则更多使用冷色系植物，这样使庭院比原先显得稍加开敞明亮，使园路显得更加宽阔怡人。

以红、橙、黄及浅亮绿色为主的暖色调花境植物包括：孔雀草、鸡冠花、红龙草、红桑、一品红、七彩竹芋、炮仗花、朱槿、洋金凤、亮叶朱蕉、变叶木、黄金榕、花叶艳山姜、黄弹、铁海棠、龙船花、希茉莉、马缨丹、云南素馨、美人蕉、三角梅等。

以白、紫、蓝及深暗绿色为主的冷色调花境植物有：沿阶草、紫竹梅、小蚌兰、水鬼蕉、文殊兰、栀子、狗牙花、冷水花、网纹草、巴西野牡丹、翠芦莉、含笑、灰莉、澳洲鸭脚木、茉莉、鸳鸯茉莉、鸢尾、紫背竹芋、剑麻、棕竹等。

● 色彩渐变是长花境色彩处理的常用方法

长花境的色彩搭配常用色彩渐变的形式（见图4-5）。在体量较大的长花境中，如果不按照一定的规律配置色彩容易使花境显得杂乱无章。因此利用色彩的渐变来布置花境是一种常用的处理方法。首先将色彩轮上的色彩按相似的特点分类，将较冷色系归为一类，如紫红色、蓝紫色、蓝色、白色、银色；将较暖色系归为一类，如乳白色、黄色、桔黄色、栗色、棕色等；还有一种归类方法是总体上继承了杰基尔的理论，将色彩轮上的色彩按顺序逐一表达，首先将灰色和浅蓝绿色的观叶植物种植在花境的两端，再在中间按照顺序种植浅黄色、浅粉色、深黄色、桔色、红色、深黄色、浅黄色、浅粉色、白色的花卉植物。选好对应色彩的花卉植物，就可以将它们布置在对应的平面位置，形成花境色彩序列。按照这种方法设计的渐变色花境，其每个片段都可以单独构成一处小景观，有很强的新鲜感。

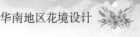

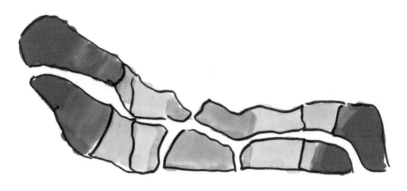

图 4-5 杰基尔式渐变色花境

- **中间色和类似色能起到强调和弱化主色调的作用**

中间色是指间于两种色彩中间的颜色，在花境中通常是灰色和棕色的观叶植物，如银白菊、分药花、芒等。将中间色的植物布置在比较明亮的植物周围，能够强调和渲染花境的主色调。比如在火炬花的桔黄色周围配置芒的棕色，将会把火炬花的色彩衬托和强调得更显眼。相对地，在一种主色植物的四周种植与之相似的色彩会减弱其主色调的明度。例如，在黄色旁边种植橘黄色的植物，原本的橘黄色会变得更加红亮，黄色则会变得偏绿。运用这一原理可以综合考虑花境的背景色彩，如在白色或者灰白色的墙体前面布置的花境中，使用黄色的花卉植物会显得更为生动，而同样的黄色植物应用在棕色的墙体前则会显得柔和。

- **色彩花境的搭配主要采用以下几种方法**

（1）单色调和。即利用单一色彩或是同色系、相近色组合搭配。单色主题花境的应用主要有两种形式：一种是在尺度较小的花境中，用单一色彩或同色系的植物；第二种是将尺度较大的花境划分为不同的区段，每个区段中用单一的色彩来展现。单色花境将色彩的使用种类减少，避免了杂乱无章，更加强调单一植物本身的节奏感和韵律感，具有较强的现代感。另一方面，单色花境也区别于现在常用的花境形式，具有较强的特性。单色系的花境给人以宁静安逸、柔和温顺的氛围和格调，并且在色彩组合上比较容易取得统一的和谐美。但是如果色彩过于相似则会使花境显得单调乏味，不能形成景观焦点。因此设计时需要留意利用色彩微妙的浓、淡、深、浅变化来调和。在西辛赫斯特城堡（Sissinghurst）花园中，就有一处白色调的花园，主要运用了马蹄莲、月季、筒蒿、波斯菊、博落回等白花植物。该花境的极具特色的设计方法使其被世界各地所熟知。园艺师特雷西·迪赛拜特·奥斯特为俄亥俄（Ohio）中心的大型花园（面积约 1 828.80 平方米）设计的花境中，运用数个单色花境组成了大型的混合花境。花境的色彩由红色、桔色、黄色、蓝色至紫色逐渐过渡，之后又将前半段花境的色彩按照逆时针的方式延续排列。在紫色片段设置了较为幽静的休息区域。花境中使用了观叶植物来强调和重复，例如在紫色区域使用对比色的黄色观叶植物让紫色更加容易被观赏者注意到。每个部分都是由单一色块组成，但长花境的整体又是一个有韵律的色轮转换过程。

（2）对比色调和。对比色的两种颜色色相、明度差异很大，例如橙与蓝，红与绿等。对比色花境能够产生鲜明的视觉效果。这种色彩搭配方式大多用在花境的色彩平衡和局部增色和提亮上。如在一个以黄色为主色调的花境中，少量使用蓝色花或蓝紫色花可创造更为活泼夺目的景观，相对于只配置黄色系植物更加容易展现出最佳的效果。同时，人们欣赏一种色彩时间过长，也会期待能够欣赏它的对比色。就像杰基尔曾经在著作中写的："在即将进入一个灰色、蓝色系花园前，如果出现一个桔色的、黄色的花境，会使花园的景观效果得到最佳的表达。因为这种强烈的色彩会使游人的眼睛更加渴望见到它的对比色……"由于对比色是冲突、对立、鲜明、热烈的，因此在宁静的场所如住宅区门口、医院、图书馆等场合不宜大面积使用，避免造成观赏者情绪的不安。

（3）类似色调和。类似色较为合理的定义应该是指色调相同的色彩。比如桔色、黄色和黄绿色都以黄色为基本色彩，因此它们是类似色。蓝绿、蓝紫和紫色都以蓝色为基本色，所以它们也是类似色。浅栗色、浅粉色和深紫色，或灰色、淡蓝色和深紫色的植物搭配在一起观赏效果更佳。此外还可以通过在一种色彩周围运用它的类似色的方法减弱其色彩的明度，使色彩更加柔和。如金黄色、黄色和绿色搭配在一起效果非常好。

（4）多色调和。多色调和即利用三种以上的色彩来组合搭配。这类花境是色彩变化最丰富，同时也是组合难度最大的一种，需按照一定的规律去组合配置，以免造成花境色彩混乱、分离现象。多色调和一般采用渐变色来自然过渡，即从冷到暖或暖到冷色依次排列，如蓝紫红橙黄；或以相近色植物为组团色块，在组团色块间穿插过渡色植物来调和，如蓝紫红组团与黄橙组团间以银灰绿或绿白斑色叶植物来衔接。

此外，花境色彩设计还应与立地环境基调协调统一，如幼儿园、活动广场一般利用多色和对比色调，营造轻快热烈的效果，而居住区、休憩园区则多利用单色调来营造温馨安静的环境氛围。

4.2.5 季相设计

植物在不同季节所表现的外貌特征即成为季相，包括叶、花、果、枝条在形态上和色彩上的变化。这种变化是花境的主要观赏特点之一。使花境的观赏期有一定的持久性一直以来都是花境设计师的追求。所谓"春则花柳争妍，夏则荷榴竞放，秋则桂子飘香，冬则梅花破玉"，植物生长过程中的盛衰枯荣很好地创造了四时景致。优秀的花境作品应做到全年都有较佳的观赏性，即使在较为寒冷的地区也应尽量保证三季的观赏价值。花境的季相变化主要可以通过合理交叉安排各种不同观赏期的花卉来实现（见图4-6）。有关学者发现，将花期不同的植物合理种植在同一花境中能够在一定程度上延长花境的观赏期。设计师在进行花境季相设计时首先要充分了解花卉植物的生长习性、形态色彩等的四季变化特点，同时要关注立地环境的自然条件对植物四季变化的影响。例如，冬季植物落叶之后便只有枝干可观赏，所以在花境中应考虑选用枝干有特点或株形优美的植物，同时增加常绿植物数量以使花境在冬季不显萧条；再如多年生花卉在不同生长阶段会呈现出不同的形态差异，因此在选择植物时，应综合考虑各类植物在不同生长阶段所表现出的风韵是否能够统一协调。

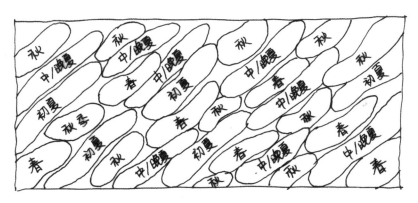

图 4-6　季相设计示意图

另外，营造花境丰富季相变化的办法主要是交叉种植观赏期不同的植物，因此设计师们应当总结植物花、叶、果、枝条等特征的季节变化以及各自的展示期限，使得植物不同形态变化之间相互配合，保证花境能够有持续不断的季相景观，可以使用花历来编制植物季相变化及相应观赏特征等信息。在季相设计中，设计师们可借用诸如花历等工具来统计和描述植物季相变化特点，这样能够清晰且直观地组合配置出理想的四季景观。另外，季相设计还需要考虑各个时段观赏植物种类及用量是否均衡，以避免过枯或过荣，但可以以某个季节为最佳观赏期。花境的季相设计可以遵循以下程序和方法。

（1）春季开花植物的配置

整理总结出当地早春和晚春开花的植物。春天开花的植物应该尽量散布在整个花境，其过于聚集会造成后面的季节中无景可赏。在立面层次中，通常把春花植物配置在花境中部，将夏季开花的植物配置在春花植物的前方。这样的设计方式解决了花境中如何处理观赏性不佳的植物这一难题，即在夏季开花的植物，其新鲜的枝叶能够遮蔽位于后方的观赏性下降的春季开花植物的枝叶。

（2）早夏开花的植物配置

在花境设计中应适当地留出初夏开花植物的空间，且尽可能将春季开花植物与夏季开花植物在竖向高度上合理组合，使花境基本上呈前低后高的立面效果。在设计中可以将早春开花和早夏开花的花卉植物微微重叠，将晚春开花和早夏开花的花卉植物较大面积重叠，这样能够使花境整体保持连续有花，持续绚烂多姿。

（3）秋季开花的植物配置

在季相设计中应当添加秋季开花的植物种类，使夏末和早秋开花的花卉植物有所交替。在秋季，菊花等花卉植物恰好处于盛花期，可以将它们布置于花境中，在一定程度上可以填充观赏性下降植物带来的缺失。

华南地区因为属于亚热带、热带气候，其花卉资源丰富，终年可见到绿叶植物，基本上四季有花可赏。但是落叶植物及变色植物种类相对较少，导致季相变化不如北方植物突出，因此在设计时应注意利用季节性花卉、果实和新叶的变化，使之形成花境的季相差异。

4.2.6　组合设计

花境是由多种植物相互搭配组合而成的景观，除了要熟知花境植物的生长习性、景观特性外，更应该重视花卉植物组合配置的艺术表现手法。对好的植物组合进行探索，成功的案例会为设计师提供更直接的素材和灵感。花境设计是一门艺术，虽然表面看上去，花卉之间的配置具有一定的随机性，在实践过程中却可以看出，花境中的植物组合还是有一定的规律可以遵照。花境植物的组合设计要点可以归结为以下几点：

（1）统一与互补

统一，是指花境整体的统一。花境植物的选择与搭配要紧紧围绕花境主题风格去布置，从形式上或功能上表现出相对的一致性。不同植物的观赏期也不同，为了保证花境景观能够有整体且延续的观赏效果，相邻的植物团块应在同一时期都具有观赏性，团块之间最好有花期交叉期，不然起不到搭配的最佳效果。并且能够保证花境中所有的植物组团形成一年内次第不停息开放的效果。例如大滨菊与荷兰菊搭配较难形成很好的组合景观，原因是大滨菊的花期过后直到植株枯萎，荷兰菊才刚刚开始具有一定观赏性，这两种植物最佳的观赏时段相差太远。相互搭配的植物不一定开花的时间点要完全重合，而是要求植物间的观赏期相对一致。例如，松果菊和观赏草，松果菊的观赏花果期与观赏草的观赏期类似，因此为一种较好的植物组合。再如，一处以芳香为主题的花境，其植物种类的选择应以花或叶具有香味的植物为主，然而由于植物的芳香有多种，并且浓淡不一，为了避免不同香气之间产生不和谐的混合导致香气过于混杂或浓郁，花境植物的选择应当以某种芳香基调作为标准，选取相近或相似的植物组合作搭配。

另外，花境中的不同植物组合还应具有一定的兼容性。例如，植株高度的兼容，背景与特性植物的兼容。高度的兼容是指在一个花境中，整体在立面高度上应呈渐进排列。比如，将蜀葵和景天配植在一起，二者的高度差距会过于悬殊，显得很不协调。Roger Turner 2005 年在 *Design in the Collector's Garden* 一书中还指出："当植物材料相互并行排列时，一种植物的高度至少是另一种植物高度的三分之二。"背景与特性植物的兼容指的是花境的背景植物能够很好地衬托或突出焦点植物特殊的姿态或色彩，而不是掩盖掉焦点植物的特色使花境变得均一化。历史上许多经典的英国草本花境都是用经过人工整形的紫杉或黄杨绿篱作为花境的背景，这并不是人们随意布置的，而是因为紫杉、黄杨等植物深色且光滑的质地能够为开花植物充当完美的背景。

互补，是指花境植物之间互相调和补充，通过花境植物的运用来弥补某种植物不足的同时提升花境整体的艺术美。花境植物的观赏特性各有不同，在设计中应当避免让花境从头到尾全部是形状相似的植物。在植物之间布置一些观赏形态不同的植物以增强丰富度，即以圆形、方形植物为主的花境中可以适当添加三角形植物作为搭配，如果都用外形姿态类似的植物，花境就会显得比较呆板平整，不能很好地营造出此起彼伏的景观特色。

不同植物的花和叶也可以相互作为补充。一些植物的花朵虽然具有很高的观赏价值，但其枝叶的景观特征并不突出，而一些植物虽然具有绿期很长的叶，其花朵的景观价值却不大或花期较短。毕竟在有限的花境植物种类中花朵美丽且叶期较长并且拥有较高观赏价值的植物不多，因此综合发挥这两类植物的优点为花境所用就显得相当有必要。例如，景天与观赏葱的搭配组合，景天是以观叶为主的植物，而观赏葱的主要观赏部位是独特的花头。景天的叶子还处于淡绿色的生长期时，观赏葱那白色、带有浅紫色的花头就可以从景天丛中突显出来。其后秋季观赏葱的花序开始逐渐凋落，景天的伞状花序又可以代替葱属的花朵作为新的观赏点，这样就提供了另一种视觉联系。同样地，玉簪与观赏葱也是很好的搭配组合。

植物质感是花境设计中一个值得考虑的方面。植物的质感指的是植物表面组织纹理结构不同所引起人们不同的视觉及触觉感受。植物的质感有的柔软，有的坚挺、有的轻盈，有的厚重、有的精致，有的粗糙。影响植物质感的因素主要有两个方面：一是植物自身的茎干、枝条、花朵、叶的形状、大小、排列方式、粗糙程度以及综合生长习性；二是外界因素影响，例如观赏植物的距离、植物与其他材料质感之间的对比、人为对植物的造型修整等。根据植物质感的潜在用途及景观特性，可以将其分为粗壮型、中粗型和细小型。

粗壮型的代表植物有：三色堇、龙舌兰、剑麻、露兜树、橡胶榕、变叶木、美人蕉、苏铁、朱槿、水塔花、海芋、巢蕨、鸡蛋花、金脉爵床等。粗壮型植物的群体表现为植物种类少而体积大，组成的空间疏落开朗，变化简洁且规律。植物单体则表现为枝条外向发散、疏朗开展、壮硕坚挺，叶片大而轮廓清晰齐整、质地厚实坚硬、表面粗糙或带毛，花色明浅、花形大方简洁、花大量少。这类植物有聚拢视线和"收缩"空间的作用，适用于构筑花境主景以及作为尺度大、距离远的花境背景植物。

中粗型的代表植物有：彩叶草、合果竽、巴西野牡丹、三角梅、海桐、含笑、茶花、四季桔、斑叶垂榕、紫藤、龙船花等。介于粗壮型和中粗型之间的植物常用作花境中景植物以构筑花境主体框架。

细小型的代表植物有：细叶萼距花、风雨花、蓝花鼠尾草、凤尾鸡冠花、天门冬、肾蕨、茑萝、九里香、米仔兰、胡椒木、金叶假连翘、红花檵木等。群体表现为植物种类多而体积小，空间紧凑绵密，变化复杂多样。植物单体则表现为枝条内向集聚、密致紧凑、纤细柔软，叶片小、质地单薄软弱、表面细腻光滑、花色繁复、花形复杂精细、花小量多。这类植物有扩散视线和"放大"空间的作用，适用作花境前景植物以及布置于离观赏者近的小尺度花境中。

在实践中发现，如果在花境中应用过多或全部相似质地的花卉植物，其效果并不理想。花境中都应用细腻、小巧、轻柔质地的植物，会使其整体显得虚弱，没有观赏焦点且缺乏结构性。人们在观赏时也会觉得花境缺乏一定力度。相对地，如果都用质地厚重、粗糙的植物，会显得植物种植密度过大且不能很好地表达花境的空间感。因此为了使景观效果和谐均衡，设计时一般在约三分之一粗糙质地的植物背景前种植大约三分之二精致质地的植物，这样可以使质地粗糙与质地精致的植物得到合理的组合。

在花境的构成不完整或是某段时间内某组团植物具有缺憾时，可以利用其他元素或植物组团的配合作补充。比如花卉植物的生长周期不一，如果全部使用速生的一两年生花卉作为花境的主体材料，那么每年都需要更换植物，这会造成很大的浪费，并不是花境设计的初衷；但如果大量使用慢生的灌木或小乔木，又较难形成四季有花的理想观赏效果。那么如果利用不同生长周期植物的搭配补充，就能够形成完整且持续的观赏期。花境植物的主要观赏部位也是有差别的，如果某一时段花境中观花植物的花期不足，可以使用观叶植物去补充。

（2）对比与调和

所谓对比产生美，单一无对比的植物景观其存在是薄弱平缓的。不同植物间大小、形态及布局方式的对比，可产生花境景观的空间层次和韵律节奏，如花境前、中、后景植物以形态大小与植株高矮的对比，产生稳定平衡的景观空间层次。植物特性间的对比，可表达修饰花境景观的尺度大小、质地密度与动静趋势，如花境植物色彩，强烈对比色组合能形成活泼、出挑的动势，增加花境景观的生命感，而单一相近色植物可利用明暗深浅的对比调和，形成上下、左右、前后空间层次。总而言之，花境的组合设计要点是求同存异，通过合理组织植物的生理特性和景观特性，构筑结构完整统一、姿态优美和谐的景观，而又兼容多种植物及其复杂多变的差异特点，赋予花境独有的个性魅力。

（3）烘托对比

烘托对比是利用景观整体与局部、主要与次要、实与虚之内容并置，使对象更鲜明突出的一种表现手法。岭南花境景观的个性特点可通过景观空间、景观要素及植物特征等内容的烘托对比来呈现。景观空间上烘托对比反映的是立地环境特征。开放外向的花境显得明朗舒畅，具有活跃、包容、扩张的属性，一般用于公园、道路等公共场所；封闭内聚的花境景观显得幽深神秘，表现出稳定、私密、安逸的特点，多用于私家庭院、办公场所。景观要素间的烘托对比强调的是花境景观的整体意象。花境与山石、建筑小品在不同尺度、形态、肌理上的对比，令景观产生大小、软硬、动静、虚实等强弱程度不同的视觉效果；而花境与水体的相互烘托则更突显景观意象柔软、温和、灵动的属性。植物不同特征间的烘托对比表现的是花境的个性。花境植物间不同形态、质感、色彩对比烘托强调了花境局部的虚实主次，决定了不同时空状态下花境最佳观赏点所在。

（4）渗透联系

渗透联系是景观从布局到形式、内容，乃至于细部表达的过渡统一方式。岭南花境景观的时间、空间渗透是通过各景观要素及其特征来表现的。花境景观的时间渗透主要体现在各景观要素尤其是植物在不同季节、时间状态下的表现。地面铺装、山石、建筑的形态相对固定，水是持续流动的，而植物是活体，有着循序渐进、周而复始的生命过程，它是景观要素表达和统一时相变化的最佳媒介。花境景观的空间渗透是通过景观空间布局层次、景观要素的形式内容以及细部特征的统一来表现的。景观的空间布局依据立地环境性质、条件以及功能而决定，统领着各景观要素的组合配对。

4.2.7　花境背景设计

花境源于英国，然而其本质与《园冶》"源于自然，高于自然"的理念是一致的。《园冶·兴造论》强调"园林巧于因借，精在体宜"，提出了造园的四个基本要领：因、借、体、宜 [1]。其中，"因"是因其地而造园的意思，即景观设计师应当对场地原有的自然特征有高度的尊重，利用原有树木、水体、山体等要素，做到因地制宜、因材施艺；而"借"则是指借助场地周围有特色、有价值的景观为设计作品服务，以求设计作品可以和外界自然环境相统一，营造和谐得体的均衡感；"体"是指园林结构之体，这也是风景园林设计的基本要素，具体来说即为园林的整体，包括建筑物、山石池泉、花草林木等。"体"与整体造园的风格应当是相辅相成的；"宜"是指一种灵活的设计态度，园林设计是较为主观的艺术形式，它不应有太过强烈的公式、模式限制，太过死板的设计将使景观失去灵动感。景观设计的宗旨是设计作品与其背景和谐统一，根据背景的景观特征进行合理的设计，这样才能使得景观整体的设计风格统一

---

① 张燕. 山阴道上　宛然镜游——论《园冶》的设计艺术思想［J］. 东南大学学报：哲学社会科学版，2001，3（1）：76-81.

而不违和。在设计花境景观的背景时要力求做到"因"地域背景，熟悉我们设计的花境所处的实际空间环境，然后"借"助其周围和相邻空间的背景，拓展空间并与外界空间相互贯通融合。例如：花境可以适当借助林缘、绿篱、景观构筑物、景观小品、建筑物围墙等作为背景，其中花境与林缘的结合也就是花境分类中的"林缘花境"，这种类型的花境不但能够凸显花境的生动诙谐，还可以凸显出植物群落整体的自然美。以建筑物的围墙或其他人工构筑物作为背景的，可以利用花境植物小巧轻柔的质地来缓和人工建筑物生硬的直线线条，也从另一种形式上突出了花境的野趣浪漫；要有整"体"背景风格。花境其实是作为风景园林设计的元素之一，因此在确定花境营造的整体风格之前，应当先了解所处绿地的整体景观设计风格，然后力求与其达到一致性。如燕墩遗址公园在花境的设计中，通过对花境风格的正确拿捏，创造出了一种静谧、舒适、严肃的气氛，这样使得人们可以专注而安静地体会历史环境的氛围，也使得花境的设计风格跟遗址公园的背景相统一[①]。要"宜"花境的背景，植物之间的组合配植要依据花境不同的应用形式而灵活使用。

4.3　市政类花境分类设计及应用案例

根据实地调查，花境在公园中应用效果明显，公园的面积一般较大，在广场的入口、林缘、道路旁、景石、滨水等处都可布置花境，加之公园的地形变化多样，花境结合地形布置，效果更加好，可呈现出丰富的植物景观。

4.3.1　市政类路缘花境

在公园道路或市政道路边，花境主要供人随时驻足欣赏，尤其是公园内的路缘花境。花境植物团块可相对较小，设计的植物种类以丰富为宜，这样可以创造出经得住细细端详、结构层次多变的花境。如果只在道路的单侧进行花境的布置，通常采用单面观赏花境的类型；如果在道路两边都设计有花境景观，那么两处花境在形式上可以互相呼应。路缘花境最常用的就是长条形花境，这种花境的长度一般都较长，所以中间最好间断性地布置稍微不同风格、不同形式的景观。还应注意的是，花境的前缘不能蔓延到路面上来，这样会对道路上的行人产生阻碍。因此前端的植物材料不能选用易倒伏、蔓延性较强的植物，可用金叶过路黄、美女樱等镶边植物以及砖、木材加以围挡。

　　案例：广州临江路路缘花境（见图4-7）。

　　案例背景：广州临江路濒临路涌，周边有很多办公大楼及居民楼，该路缘花境的一侧为居住区，另一侧则为漫步道，该漫步道是居住区居民们日常散步、健身的最

---

① 吴越，杨华，车代弟. 植物与营造花境景观意境的关系 [J]. 北方园艺，2010（14）：121–124.

佳去处，因此对于该路段的景观提升作用明显。

　　花境设计：该花境的主要服务人群是行走于漫步道的行人，因此选用了单面观赏的花境设计形式，加上微地形的利用，使得花境整体呈现出倾斜的立面效果。花境层次感极强。平面的植物组团划分细致，组团间构成的整体为自由的曲线形式，突出了花境追求自然美的特性。而曲线的整体形式多是通过圆形的植物团块组合而成，圆润的植物外轮廓线可以起到舒缓空间气氛、放松行人心情的作用，符合漫步道的主题定位，与周边繁忙的城市景象形成对比，使得该处场地的休闲气氛更加突出。立面上为单面观赏花境的标准设计形式，追求层次感，强调前景、中景、背景的合理搭配。前景植物如波斯菊、黄英、裂叶美女樱、细叶萼距花、银边草等。其中的部分植物如银边草色彩明亮，还可以起到强调植物外轮廓的作用，将花境与细石铺装严格界定开来，增强平面形式感。中景和背景结合地形设计，选用了大布尼狼尾草、变叶木等植物，主要表现的是植物的体量感和团块感。中间搭配有较高体量的黄金香柳，作为整个花境的焦点之一，使花境的立面云线有了起伏变化。色彩方面，该花境主要采用了粉色和紫色为主的色调。由于该花境靠近居住区，因此主打温馨舒适的轻松气氛，粉色的色调可以拉近花境与行人之间的心理距离，使人的亲切感油然而生，也提高了人们对于整个场地的归属感。除此之外，在波斯菊、醉蝶花这种质感比较精致的植物中搭配大布尼狼尾草这种粗质地的植物也可以使得花境风格变得自然活泼，富有一番野趣。

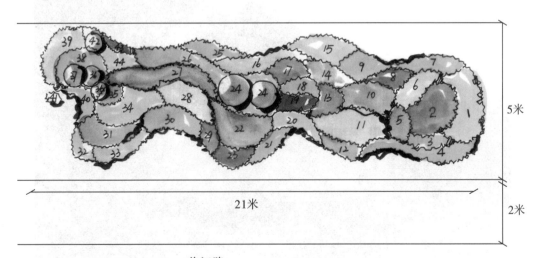

图 4-7　临江路路缘花境平面图

临江路路缘花境植物见表4-4。

表4-4　临江路路缘花境植物

1. 裂叶美女樱	2. 醉蝶花	3. 黄穗	4. 银边草	5. 红花玉芙蓉	6. 千日红	7. 香彩雀
8. 朱槿	9. 红桑	10. 大布尼狼尾草	11. 波斯菊	12. 细叶萼距花	13. 彩叶扶桑	14. 粉黛乱子草
15. 红花玉芙蓉	16. 香彩雀	17. 红花玉芙蓉	18. 红桑	19. 变叶木	20. 金英	21. 红背桂
22. 醉蝶花	23. 裂叶美女樱	24. 黄金香柳	25. 银边草	26. 波斯菊	27. 大布尼狼尾草	28. 七彩马尾铁
29. 黄英	30. 波斯菊	31. 醉蝶花	32. 红背桂	33. 银边草	34. 紫叶狼尾草	35. 雪花木
36. 红车	37. 朱槿	38. 黄穗	39. 千日红	40. 黄金叶	41. 细叶萼距花	42. 红车
43. 千日红	44. 醉蝶花					

市政类路缘花境特色见图4-8～图4-18。

图4-8　花境边缘采用银边草围合

图 4-9 花境整体角度 A

图 4-10 花境整体角度 B

图 4-11　花境局部

案例： 广州塔轻轨旁火烈鸟花境（见图 4-12）。

案例背景：该花境位于珠江南岸阅江路广州塔轻轨站旁的三块连续的矩形花池，每块花池长约 18 米，宽约 5 米，总面积约 500 平方米。以火烈鸟作为设计轴线，配合丰富的花境配置手法，打造具有浓郁热带氛围的花境景观。

花境整体以上层乔木狐尾椰子点缀霸王棕作为骨架，奠定了热带风格基调。中层以彩叶植物金边万年麻、花叶蒲苇、矾根、红叶南天竹、彩虹朱蕉等为主调植物，花境颜色鲜艳、氛围热烈。下层以色彩缤纷的一两年生草本花卉非洲凤仙、香彩雀等为镶边植物，增加冲击力。整体色调以红黄强烈对比色为主，深蓝鼠尾草、芙蓉菊、薰衣草等蓝色、灰白色植物起到调和色调作用。

与 2017 年财富论坛期间其他花境相比，火烈鸟花境特点有：

（1）热带风格凸显华南特色，运用许多华南地区特有植物，本土性强；

（2）综合运用了点状、带状和块状种植手法，丰富了整体表现效果；

（3）大流线的边缘造型、松鳞与黄砂碎石混合使用打造出热带溪流效果，覆被材料丰富；

（4）火烈鸟小品起到画龙点睛作用，使整个花境充满生机和活力；

（5）多种新品种植物如绣球、红叶南天竹、蓝羊茅、柳叶马鞭草等得到运用。

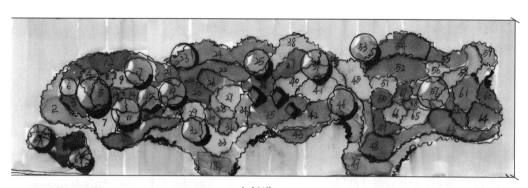

人行道

18米

图 4-12　广州塔轻轨旁火烈鸟花境平面图

广州塔轻轨旁火烈鸟花境植物见表 4-5。

表 4-5　广州塔轻轨旁火烈鸟花境植物

1. 黄砂石	2. 矾根	3. 向日葵	4. 柳叶马鞭草	5. 霸王棕	6. 红叶南天竹	7. 彩叶草
8. 金叶假连翘	9. 雪花木	10. 非洲凤仙	11. 金叶麦冬	12. 非洲凤仙	13. 彩虹朱蕉	14. 七彩马尾铁
15. 鹤望兰	16. 金鱼草	17. 狐尾椰子	18. 黄砂石	19. 霸王棕	20. 金叶矾根	21. 芙蓉菊
22. 非洲凤仙	23. 狐尾椰子	24. 黄砂石	25. 狐尾椰子	26. 金叶麦冬	27. 彩虹朱蕉	28. 七彩马尾铁
29. 晨光芒	30. 箭杜鹃	31. 乒乓菊	32. 金边万年麻	33. 香彩雀	34. 鸢尾	35. 迷迭香
36. 晨光芒	37. 迷迭香	38. 香彩雀	39. 狐尾椰子	40. 紫叶狼尾草	41. 变叶木	42. 向日葵
43. 香彩雀	44. 金叶矾根	45. 深蓝鼠尾草	46. 狐尾椰子	47. 黄砂石	48. 非洲凤仙	49. 箭杜鹃
50. 芙蓉菊	51. 彩虹朱蕉	52. 洒金榕	53. 狐尾椰子	54. 香彩雀	55. 红花玉芙蓉	56. 柳叶马鞭草
57. 鹤望兰	58. 鸢尾	59. 非洲凤仙	60. 迷迭香	61. 紫叶狼尾草	62. 金叶麦冬	63. 非洲凤仙
64. 柳叶马鞭草	65. 红叶南天竹	66. 水果蓝	67. 向日葵	68. 变叶木	69. 金边万年麻	

市政类路缘花境特色见图 4-13 至图 4-18。

图 4-13 花境与景观小品搭配

图 4-14 从人行道看花境

图 4-15 花境一角

图 4-16 花境局部

图 4-17　点状种植的狐尾天门冬和蓝羊茅

图 4-18　两种不同覆被材料混合营造的热带景观

4.3.2 市政类林缘花境

公园绿地等城市公共空间中的自然乔灌木林为花境提供了很好的背景，以自然林缘为背景的花境被称为林缘花境。他们通常以草坪为前景，而前景与林缘之间的空间则比较适宜选择植质感柔和、精细小巧、自然野趣且高度适中的花卉植物作为过渡。植物的色彩最好不要太过鲜艳繁杂，应该做到与后面的自然林缘背景和谐统一，整体形成山野烂漫、层次颇盛的花境景观。

案例：广州二沙岛艺术公园林缘花境（见图 4-19）。

案例背景：艺术公园位于广州二沙岛的最东端，场地原先是亚运会的封闭通道以及废弃停车场。而经过升级改造，设计师们将废弃停车场改造为公园绿地景观。整个公园造型独特，草坪被设计为极具艺术感的钻石形状。因此该公园又称为"钻石公园"。在这里，游人还可以欣赏到广州塔、东塔、西塔这些广州的地标性建筑。该公园的主打景观便是大量的花卉。其中红穗、剑兰、美人蕉等观赏花卉植物应用达到数十种，花境面积 500 多平方米。一处处绚丽的花境景观吸引了大量游客来此游玩、拍照。整个公园很好地展示了花园式的生态景观，是人们散步、跑步、骑行的好去处。案例选取的一段花境位于主园路旁，一片乔木林绿化前，属于林缘花境，起伏的地形是该处花境的特色。

花境设计：该处地形整体为前低后高，局部微地形变化丰富，花境很好地顺应了地势特点，将前景植物安排在地势较低的区域，随着地势升高，植物体量也相应增大，主观赏面自然而然朝向了公园园路。自由曲线的花境外轮廓设计也顺应了等高线，颇具自然气息。局部点缀景石的做法更是将花境与景观小品相结合，使得内容丰富。色彩极具视觉冲击力，以亮色和暖色为主色调，营造了欢快热烈的公园气氛，更配以深蓝和紫色等对比色植物增强色彩对比度。在石竹、万寿菊、簕杜鹃这些柔和唯美的植物中间布置剑兰这种质地较硬、线条感强烈的植物也丰富了花境的质地变化，增强了花境的细节可读性。除此之外，不同观赏部位的植物搭配也非常合理。例如，把变叶木这一观叶植物巧妙地安排在一丛观花植物中间，以此避免大量的鲜花带给人们的视觉疲劳感。图 4-19 中平面图只是选取了该林缘花境的其中一段，实际的花境很长。那么，长花境中如何使游人在行进过程中始终保持对花境景观的新鲜感就成了设计的重点。该花境的特色是利用花境风格的变化带给游人不一样的观景体验。前半段的花境植物以质地细腻柔美的花卉植物材料为主，为一处精致的花园景观，植物体量也大多较小，再加上小体量的景石等景观小品的搭配，使该段更加具有丰富的细节；而后半段的植物体量开始增大，并且使用了较多的诸如狼尾草等自然野趣的植物，植物质地变得粗犷，景石等小品的体量也变大。后半段花境的粗犷与前半段花境的小巧精致形成了鲜明对比。花境以一棵高大的乔木子母树结尾，整体设计曲线流畅、立意明确、风格突出，是一处优秀的林缘花境景观。表 4-6 为二沙岛艺术公园林缘花境植物。

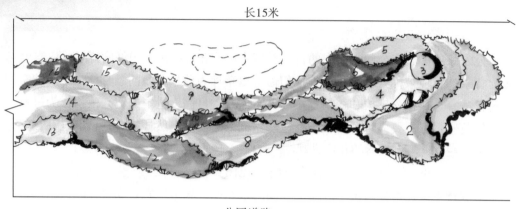

公园道路

图4-19 二沙岛艺术公园林缘花境平面图

表4-6 二沙岛艺术公园林缘花境植物

1. 非洲凤仙	2. 冰春菊	3. 红花玉芙蓉	4. 紫芸藤	5. 粉纸扇	6. 金英	7. 白花簕杜鹃
8. 深蓝鼠尾草	9. 粉纸扇	10. 变叶木	11. 紫芸藤	12. 万寿菊	13. 石竹	14. 龙船花
15. 紫花簕杜鹃	16. 金英					

市政类林缘花境特色见图4-20至图4-29。

图4-20 团块状植物与直线条植物组合

图 4-21 观叶和观花植物的搭配

图 4-22 冷暖色调合理搭配

图 4-23　暖色调为主的花卉

图 4-24　花境局部

图 4-25　自然野趣风格的转换

图 4-26　优美的边缘曲线

图 4-27　较大块景石的布置

图 4-28　与大乔木的组合

图 4-29　花境末尾处的景观

4.3.3　市政类隔离带花境

　　城市机动车道路中往往也会使用到花境这一景观形式作为点缀，提升城市形象的同时也能够缓解司机的视觉疲劳，提高城市行车的安全性。市政类隔离带花境通常被安排在城市机动车道边绿地、城市道路中央隔离带、城市道路街头绿地、城市人行道边绿地等处[①]。城市道路中的车流和人流量都比较大，尤其在市民上下班高峰期的时候，无论是车辆还是行人，他们几乎不会专门为了观赏花境景观而停留。因此城市道路中的绿地主要强调的还是它们的功能性，绿地花境整体所表达的景观效果就变得尤为重要，人们对花境的观赏重点不再局限于某一个体，而是在于花境的体量感、团块感、整体感和色彩感等，市政类隔离带花境的植物组团尺度相较于其他场地中的花境要来得更大一些。可以先确立一个比较明确的主团块，然后在其周边或是组团中央的位置填充一些小型花灌木、观赏性较强的彩叶植物以及景石等，这些尺度稍小的组团可以让花境整体具有一定的变化，从而突出景观的活泼和层次，而且因为隔离带花境所处的位置较为特殊，它们后期的养护管理不会太过精细，这就要求花境中的植物选材要具备抗逆性强、耐旱、能够适应较为贫瘠的土壤等特点。这一类植物以灌木及有较长观赏期的花卉为主。总体来说，适合用在市政隔离带的花境植物种类需要有一定色彩感、团块感，并且后期的养护成本能够控制得较低。较好的可以作为花境构架的植物材料有黄杨篱、凤尾兰、醉鱼草、观赏草等；花境主要组团的植物可以选用八宝景天、鼠尾草、首草、荆芥、金鸡菊、波斯菊、紫松果菊、宿根天人菊、玉带草等；矮牵牛、凤仙花、鸭趾草等植物可以用作填充。

　　案例： 广州华夏路隔离带花境（见图 4-30）

　　案例背景：华夏路是广州市天河区珠江新城的一条主干道，位于珠江新城 CBD 核心区。车流量及人流量都相对较大，又因为位于广州核心商圈，也是代表广州市形象的重要路段，因此对华夏路路段进行景观提升意义非常重大。路缘花境作为装点城市道路空间很好的景观素材，无疑是该路段景观最好的选择。

　　花境设计：该路缘花境一侧是车行道，另一侧为人行道。由于车行的速度较快，该花境朝向车行道的一面，布置无需太过精致复杂，利用较大的植物团块，突出色彩整体感即可。而靠近车行道一侧的这种布置方式又非常适合作为人行道一侧花境的背景。因此该花境采用了单面观赏花境的设计方式，主要为人行道上的行人服务，观赏者漫步于华夏路人行道可以驻足仔细欣赏。单面观赏花境的设计非常强调立面层次的布置，前景、中景、背景的区分一般较为明显。该花境的前景植物主要选用了矮牵牛、千日红等花卉植物；中景植物选用波斯菊、彩叶草、红穗、黄穗等；背景植物则选用了紫叶狼尾草、花叶山菅兰等。另外，除了草本植物的应用，局部花境还用了

① 王美仙. 花境起源及应用设计研究与实践［D］. 北京：北京林业大学，2009.

小叶紫薇、花叶垂榕等小乔木来作为点缀，这样可以避免竖向空间的植物高度过于均一，时而突出的小乔木可以打破原有单调的植物线，增强其形式感的变化。平面设计方面，该方案顺应了行人行进的方向，采用了长条形的植物组团设计，这样的设计增强了城市道路的景深感，与原本直线形的道路和谐统一，花境顺从道路的行进方向而不显突兀。同时柔和的曲线设计使得花境的自然气息非常浓厚，在钢筋混凝土的现代城市空间中增加了活泼的自然美。自由的线条又进一步让花境的流线感和秩序感增强，游人在行进过程中的观景体验是非常舒适的。

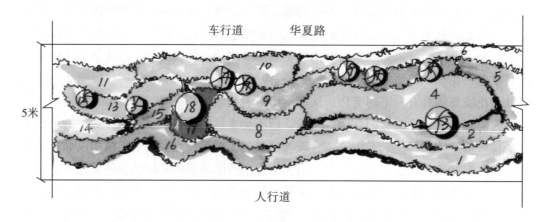

图 4-30　广州华夏路隔离带花境

广州华夏路隔离带花境植物见表 4-7。

表 4-7　广州华夏路隔离带花境植物

1. 千日红	2. 彩叶草	3. 小叶紫薇	4. 紫叶狼尾草	5. 紫芸藤	6. 矮牵牛	7. 黄金香柳
8. 波斯菊	9. 花叶山菅兰	10. 波斯菊	11. 千日红	12. 小叶紫薇	13. 粉黛乱子草	14. 黄穗
15. 波斯菊	16. 矮牵牛	17. 红穗	18. 花叶垂榕			

市政类隔离带花境特色见图 4-31 至图 4-40。

图 4-31 大团块的花境设计形式

图 4-32 较为野趣的花境

图 4-33　大波浪曲线的设计

图 4-34　小乔木的搭配

图 4-35　不同质地花境植物的组合

图 4-36　立面具有层次感

图 4-37　以观叶植物为主的花境段

图 4-38　色彩以暖色调为主的花境段

图 4-39　植物布置有韵律感

图 4-40　花境局部

4.3.4　市政类交通绿化岛花境

中央隔离带绿地其实是城市车行道路分割带的一种特殊形式，绿地中的植物布置最重要的是要保证满足实际功能的需要，如考虑缓解会车时双方车辆灯光和噪音的干扰。因此位于绿地中央的植物最好选用枝叶茂密且有一定高度的，其周围可以搭配布置低矮的花卉植物，给交通岛绿地点缀一些轻快的色彩，提升其景观观赏价值。混合花境应当是比较适合应用在此类场地的花境类型，但多数以灌木为主，推荐的植物有：桧柏篱、醉鱼草、红瑞木、蓝花荻、紫叶矮樱、美人蕉、观赏草等；周边材料可选用八宝景天、鼠尾草、金鸡菊、黑心菊、矮牵牛、金叶番薯等。

案例： 临江大道与广州大道交叉处交通绿化岛花境（见图4-41）。

案例背景：临江大道与广州大道都是广州市的主干道，临江大道为东西走向，全长7.1千米，双向各三车道；广州大道为南北走向，全长大约17.1千米，双向八至十车道。可以看出这两条道路是广州举足轻重的主干道。该案例地块位于这两条主干道的交叉处，其重要性也就不言而喻了。因此该交通绿化岛花境的面积相对较大，另有一条人行道穿插其中，将这块交通绿化岛一分为二。这就使得花境在设计的过程中不仅要考虑行车司机的观赏视角，还要考虑穿行于该交通绿化岛行人的观赏视角。

花境设计：交通绿化岛花境主要的服务对象是行车司机，由于汽车行驶的速度较快，不像行人漫步或是驻足欣赏花境，因此交通绿化岛花境的设计精度往往没有其他类型高，植物组团的尺度可以相对较大，不需要太过繁杂的植物团块设计，主要表现的是花卉植物整体的团快感和体量感。该处交通绿化岛花境由于所处位置在整个广州交通系统中非常重要，且中间有人行道穿过，也就意味着花境设计需要同时照顾到行车司机和行人，因此设计方面相比其他类型花境要更加细致。场地被人行道分为两块，每一个花境的平面轮廓采用了不同的设计形式，但都顺应了场地外轮廓特征。花境四周留出了足够的观赏距离，以草地做填充，避免行人观赏的时候过于拥挤。南侧的地块整体呈长条形，因此花境设计为狭长的曲线形状，是一个四面观赏的花境。花境四周由较为低矮的植物，例如银边草、凤仙花、醉蝶花、香彩雀等，围合出平面形状。中间则用体量稍大的植物如粉黛乱子草、紫叶狼尾草填充，再用红车这种矮灌木及彩叶美人蕉作为花境的焦点。靠近人行道的一侧植物组团数量相对靠近车行道的一侧稍多，植物种类相对比较丰富，而车行道一侧的设计主要由醉蝶花和凤仙花组成植物带。北侧的地块面积较大，形状整体呈矩形，花境设计也采用了团块状并配以大弧线体现自然感。该处花境仍为多面观赏，四周植物较低矮，中间植物体量稍大。花境植物种类应用较为丰富，外围由彩叶草、裂叶美女樱、芙蓉菊、蓝雪花、凤仙花、金露花等植物镶边，中间设计有洋金凤、花叶美人蕉、花叶芦竹、紫叶狼尾草、大布尼狼尾草等。南北地块的植物种类有一定的呼应，以增强两处花境的整体感，再加上上层乔木的种植，使得该地块的两处花境虽被人行道分割，但整体的设计风格是相统一的。除此之外，分支点较高的乔木种植，在丰富了花境的上层空间的同时，又将乔木层和其他植物拉开一定的距离，不至于显得植物过于杂乱和拥挤。花境整体看上去层次分明、清爽，很好地装点了城市交通空间。

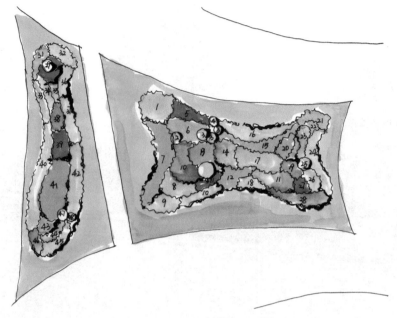

图 4-41　交通绿化岛花境平面图

交通绿化岛花境植物见表 4-8。

表 4-8　交通绿化岛花境植物

1. 金露花	2. 红桑	3. 红花玉芙蓉	4. 晨光芒	5. 杂色凤仙	6. 花叶芦竹	7. 彩叶草
8. 马缨丹	9. 裂叶美女樱	10. 芙蓉菊	11. 黄穗	12. 波斯菊	13. 洋金凤	14. 花叶美人蕉
15. 洒金榕	16. 非洲凤仙	17. 大布尼狼尾草	18. 芙蓉菊	19. 紫叶狼尾草	20. 洋金凤	21. 裂叶美女樱
22. 芙蓉菊	23. 醉蝶花	24. 新几内亚凤仙	25. 红桑	26. 金露花	27. 花叶芦竹	28. 蓝雪花
29. 红车	30. 水红箟杜鹃	31. 银边草	32. 醉蝶花	33. 凤仙花	34. 香彩雀	35. 紫叶狼尾草
36. 香彩雀	37. 箟杜鹃	38. 四季米仔兰	39. 花叶美人蕉	40. 醉蝶花	41. 粉黛乱子草	42. 银边草
43. 花叶美人蕉	44. 箟杜鹃	45. 变叶木	46. 金叶假连翘	47. 红车	48. 黄金榕	

市政类交通绿化岛花境特色具体见图 4-42 至图 4-51。

图 4-42　交通绿化岛北侧花境

图 4-43　交通绿化岛中间人行小路

图 4-44　南侧花境局部

图 4-45　平行线条花境与直线条花境的组合

图 4-46　大组团的平面设计形式

图 4-47　南侧花境局部景观

图 4-48　花境具有色带层次感

图 4-49　大色块的花境设计形式

图 4-50　观叶观花植物合理搭配

图 4-51 花境整体效果

4.3.5 市政类节点花境

市政类节点花境以花境为主景，一般会布置在大型的草坪上或公园中用于节日庆典、举办花展的主要场地。布置于草坪上的花境，以岛状花境为主，岛状花境是指设置在交通岛状草坪中央的花境，在丰富景观的同时，也起到分割空间的作用。岛状花境的面积可大小不同，根据空间及视线的转变加以布置，使得空间变化丰富，增加趣味性，而且能够以某一种岛状花境出现，如在大型草坪上布置观赏草花境，也可设计以不同色彩为主题的岛状花境。

公园的中心广场或人员聚集的场所，一般作为节日庆典、举办花展的良好场地。曾经这类场所基本以大型花坛、花带为主，但近几年，也逐渐开始应用花境。特别是举办花展时，多种花卉应用形式都会出现。这类场地中布置花境一般也以暖色调景观为主，并且为了快速形成观赏效果，在节日或一至两三个月的花展时表现花卉最灿烂的景观，对花卉的时令性要求较高，所以一般多以一两年生花卉为主，适当配以花灌木、彩叶灌木及宿根花卉，形成混合花境。

案例： 宏城公园入口花境（见图 4-52）。

案例背景： 广州宏城公园位于二沙岛东端，总占地面积6万多平方米，是目前广州市第一处由企业投资建设的市政园林，公园以西式风格为主，强调中西合璧。该花境位于宏城公园的入口处，作为宏城公园的门面，承担了引导游人入园和展示公园形象的作用，地块面积约为800平方米。

花境设计： 该处地块以草地为主，当中有"宏城公园"的雕刻景石，花境主要是为了装点和烘托这一公园入口标志。作为一处节点花境，花境的四面都具备很好的观赏性，并且形式要与周边环境风格相统一。花境设计巧妙地安排了两个部分，主花境组团围绕于入口景石周围，另外还有一处面积较小的花境组团作为该地块的点缀，起到了画龙点睛的作用，使花境氛围变得活泼自然。两处花境的体量、位置和设计形式均衡、和谐。主花境的主要功能是烘托景石，因此景石正前方的花境植物均采用低矮植物，高度不能超过景石的文字，景石两侧和后方的植物可以稍高，以增强立面上的植物层次感。立面整体上符合多面观赏花境的特点，呈四周低中间高的形式。观叶及观花植物合理搭配，以红色、橙色植物为主色调，烘托公园的热闹气氛；用绿叶植物增强花境的厚重感，避免过多鲜艳的色彩使花境显得轻浮；局部用深紫色的观叶植物提高花境整体的对比度。旁边小团块花境中，精细质地的矮牵牛与较为野趣的观赏谷子、大布尼狼尾草搭配合理，虽然面积小，但观赏性十足，也吸引了很多游客前来拍照。

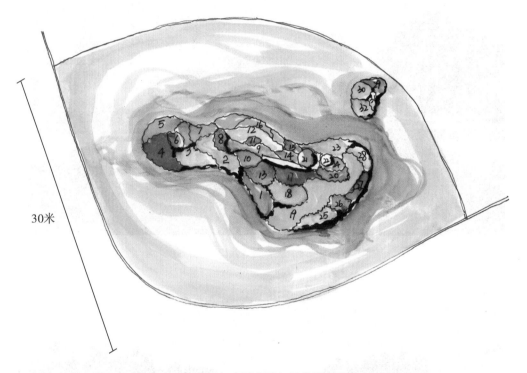

图 4-52　宏城公园入口花境平面图

宏城公园入口花境植物见表 4-9。

表 4-9　宏城公园入口花境植物

1. 大花海棠	2. 红穗	3. 醉蝶花	4. 百日草	5. 凤仙	6. 紫芸藤	7. 百日草
8. 观赏谷子	9. 醉蝶花	10. 大布尼狼尾草	11. 美人蕉	12. 彩叶草	13. 彩叶扶桑	14. 狗尾草

（续上表）

15. 观赏谷子	16. 万寿菊	17. 画眉草	18. 百日草	19. 彩叶草（红）	20. 百日草	21. 紫叶狼尾草
22. 洋金凤	23. 彩叶草	24. 紫叶狼尾草	25. 大花海棠	26. 芙蓉菊	27. 大花海棠	28. 彩叶草
29. 矮牵牛	30. 芙蓉菊	31. 观赏谷子	32. 大布尼狼尾草			

市政类节点花境特色具体见图 4-53 至图 4-57。

图 4-53　从正面看入口花境

图 4-54　从背面看入口花境

图 4-55 花境局部

图 4-56 小团块花境

图 4-57　花境整体效果

4.4　酒店小区类花境设计及应用案例

随着人们对居住环境的要求越来越高，新颖的植物景观成为居住区绿化的重点。根据实地调查，花境在居住区的应用逐年增加，高端小区花境应用比例更高，但由于后期物业管理维护的费用问题，使得花境在居住区中的推广受到一定的限制。居住区中花境常精细化搭配，景观尺度较小，布局紧凑细密；一般布置在园路两侧、墙角、构筑物周围、花池内等场所，小斑块配色，以组团的形式配置，合理地处理色彩和高度的关系；多选择抗性强、观赏性突出的植物，兼顾保健类和芳香类植物，营造健康舒适的景观环境。

4.4.1　酒店小区类路缘花境

在园路两侧，采用混合花境的手法，以建筑围墙和树木为背景，以彩叶灌木、花灌木和多年生草本植物为主要材料，打造繁花似锦、色彩亮丽的花境景观。该类花境多选择色彩柔和的植物，用蓝色、黄色、红色搭配，如芙蓉菊、黄金香柳、细叶红桑等，行人漫步于花木扶疏的道路时，感受到芳香四溢、蝶飞莺舞的景象。

案例：广州香格里拉酒店路缘花境（见图 4-58）。

案例背景：香格里拉酒店位于广州海珠区，毗邻广州国际会展中心，是五星级酒店，其院内的景观配置非常精致，配有大量的花境。该案例选择的花境位于院内主路旁的水池边。水池边的植物以灌木为主，转角处应用了花境的设计形式。美化道路花境，烘托水景景观成为该案例的设计重点。

花境设计：花境的植物团块尺度变化张弛有度，两端的花境组团尺度较小，设计相对较为细腻，植物种类丰富。黄月季、美女樱、粉黛乱子草、繁星花等植物的应用使得花境质地柔和，用在原本场地空间不大的院落当中可以起到增大场地尺度感的作用。团块主要使用了圆形、椭圆形的设计，并注重层次的累加。例如，该花境用金鱼草镶边，中间种植较高的粉黛乱子草自成一个圆形植物团块的同时又增加了立面的丰富度。大花美人蕉和晨光芒都是可以作为焦点使用的植物，这类较高的植物使得花境的立面增加了起伏感。再加上醉蝶花、薰衣草的相对较大团块的插入也与两端较为精细的植物团块形成对比。植物的高度统一控制在一定尺度内，目的是避免遮挡游人观赏水景的视线，花境、园路、净水池、跌水成为一个整体，不同景观元素搭配合理、和谐均衡。

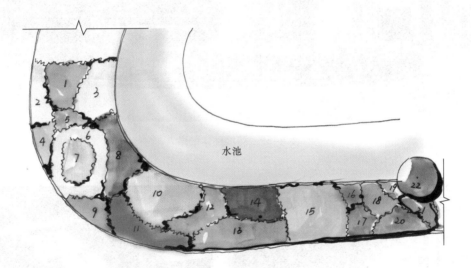

图 4-58　广州香格里拉酒店路缘花境平面图

广州香格里拉酒店路缘花境植物见表 4-10。

表 4-10　广州香格里拉酒店路缘花境植物

1. 花叶美人蕉	2. 繁星花	3. 晨光芒	4. 美女樱	5. 黄月季	6. 金鱼草（粉）	7. 粉黛乱子草
8. 醉蝶花	9. 三色堇	10. 大花美人蕉	11. 繁星花	12. 黄月季	13. 薰衣草	14. 晨光芒
15. 醉蝶花	16. 大花美人蕉	17. 繁星花	18. 粉黛乱子草	19. 紫叶狼尾草	20. 美女樱	21. 黄月季
22. 龙血树						

酒店小区类路缘花境特色见图 4-59 至图 4-64。

图 4-59　花境整体效果 A

图 4-60　花境整体效果 B

图 4-61 花境局部 A

图 4-62 花境局部 B

图 4-63　花境局部 C

图 4-64　花境局部 D

4.4.2 酒店小区类节点花境

案例：广州花园酒店入口花境（见图 4-65）。

案例背景：广州花园酒店位于地理位置极为优越的广州市环市东路繁盛商业区的心脏地带，是四通八达的交通汇点。该酒店是白金五星级酒店。该花境位于酒店入口处。酒店的入口是人们从城市街道进入酒店的门户空间，是酒店形象的展示。外观设计要新颖、有特色，对客人形成比较强烈的吸引力。酒店大门处通常都会设置有旗杆，该地块也不例外。如何协调好现有景观元素，打造有特色的花境景观成为该地块的设计重点。

花境设计：由于花境地块后方是酒店的院墙，因此该花境属于单面观赏花境。该处花境面积虽然较小，但植物种类非常丰富，设计形式自由活泼，植物尺度搭配合理，可谓是单面观赏节点花境非常值得借鉴的作品。平面形式上，花境迎合了酒店入口处的圆形花钵，采用了弧度较大的自由曲线形设计，且曲线贯穿整个矩形地块形成飘带形的组团。总体是在长飘带形的基础上，局部又分割为更多更细小的团块。立面上，植物高度在这层层的飘带下逐渐增高。最前方的植物采用香彩雀作为地被花卉，紫色的运用使得前景深沉，具有韵味。比香彩雀稍矮的矮麦冬镶边突出了香彩雀优美的外轮廓，同时也烘托了背后立面体量逐渐增大的植物组团。从矮麦冬往后，花境植物变为一簇一簇地种植，与前景冷色调色彩的沉稳不同，醉蝶花、黄穗、石竹、洋金凤、大红花等植物的黄色、粉色、红色等亮色突然跳了出来，形成了非常好的视觉冲击力。黄金香柳球等矮灌木经过人为的修剪，增加立面上植物形态的变化性。背景的棕竹运用也恰到好处，遮盖了后面景观，限定了酒店空间的同时也对旗杆起到了很好的背景作用。花境植物色彩冷暖运用巧妙合理，植物质地以柔和精美为主，将有限的入口空间感增强，自然舒适，在入口处很好地展示了酒店的形象。

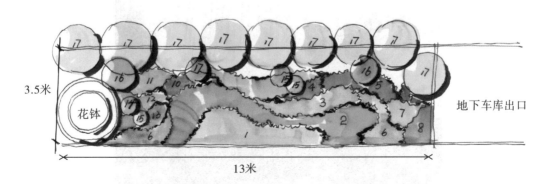

图 4-65 广州花园酒店入口花境平面图

广州花园酒店入口花境植物见表4-11。

表4-11 广州花园酒店入口花境植物

1. 香彩雀	2. 矮麦冬	3. 黄穗	4. 粉纸扇	5. 醉蝶花	6. 石竹	7. 龙船花
8. 一串红	9. 红花玉芙蓉	10. 黄穗	11. 变叶木	12. 粉纸扇	13. 醉蝶花	14. 洋金凤
15. 红花玉芙蓉	16. 大红花	17. 棕竹				

酒店小区类节点花境特色见图4-66至图4-71。

图4-66 广州花园酒店入口景观

图4-67 入口花境总体效果

图 4-68　曲线设计灵动自由

图 4-69　花境局部 A

图 4-70　花境局部 B

图 4-71　花境局部 C

第 5 章　华南地区花境施工要点

由于花境植物种类丰富，植物品种之间的位置相对复杂，所以相比较于花丛、花带、花坛等植物的种植，花境的植物种植要精细复杂得多。

如果种植者同时又是设计者那最好不过；若不是，那么种植者一定要对施工图纸和设计的要求进行全面了解，这样才能在种植中将设计意图精确地表现出来，从而达到设计的预期效果。

5.1　施工程序

施工程序包括四个阶段：接受施工任务阶段—施工前准备阶段—全面施工阶段—竣工验收阶段。每一个施工阶段都必须按规定完成任务，为下一阶段的工作创造良好的条件。

5.1.1　接受施工任务阶段

接受施工任务阶段是其他施工阶段的前提。对于这一阶段的工作，施工单位首先需承接施工任务，将施工工程承包合同进行确认并签订，对拟建的单位工程进行明确。施工企业接收施工任务的形式主要有三种：上级主管部门直接下达施工任务；由建设单位邀请承接任务；在工程招标中通过中标后接受任务。

5.1.2　施工前准备阶段

工程的顺利开工，需在接受施工任务阶段后把施工前的准备工作做好，根据工期、场地、天气条件等因素，做好种植工程的全部准备工作，包括施工种植材料的准备，工具、人工、车辆的准备。

（1）了解工程施工概况，施工前向工程主管单位及设计单位沟通，将花境工程的主要情况弄清楚。

（2）现场踏勘，在熟悉了解了工程的主要情况之后，施工人员还须亲赴现场，做周密的现场踏勘工作，熟悉、察看各种情况。

（3）编制施工组织设计，施工组织设计是为了完成绿化设计所定的工程目标而制定的详细计划和措施，它包含从园林绿化施工的总体部署，到每个单项工程的施工内容，这些文件对工程的施工具有指导性。施工组织设计包括施工组织总设计、分项工程作业设计和单项工程组织设计等三个层次。施工组织总设计是对整个花境绿化工程中每个单项工程的整体部署，分项工程作业设计和单项工程组织设计按其中某一工序或工种和单项工程分别编制施工内容。以上三个层次的设计在空间和时间上必须上下衔接及互相协调。

（4）施工现场的准备，施工前必备的工作是对现场阻碍物进行清除，清除的首要工作是对影响施工的建筑体、植物、设备等进行迁移或者拆除，然后适时清理现场场地，包括清理杂石、垃圾等，使其在施工场地的含量在百分之十以下。

比如小型的岛式花境，在准备好的区域周围切出圆滑的边沟线，将边沟线以内的部分堆叠成小岛形状。图5-1为施工人员对现场进行清理。

图5-1　施工人员对现场进行清理

5.1.3　全面施工阶段

这一阶段是绿化工程建设施工过程时间消耗最长、施工作业难度最大、材料消耗最多的时段。此阶段要在安全生产的基础上，全面把握工程进度、工程质量及投资，用最少的项目投资，以最快的速度施工及取得最好的质量工程，合理、科学地进行施工作业。

5.1.4 竣工验收阶段

对于绿化工程项目的竣工验收，是施工单位按照设计要求和合同中规定的全部内容，经由施工单位的自验自评（要向相关单位提交工程质量竣工报告），通过监理单位进行核定，由设计单位进行审查认可，建设单位检查验收，并在政府主管部门的监督下，明确每项内容都要符合国家以及地方有关竣工验收的条件及依据，对整个工程实体的质量及相应的竣工资料进行查收。在工程竣工后，施工企业必须按时编制竣工结算。竣工结算反映整个工程建设项目的实际造价，核定新增固定资产价值，考核、分析投资的效果，它是工程交付使用验收程序的根据之一。通过竣工验收，工程项目的质量得以全面评估与考核，使绿化工程项目尽快投入使用，尽快产生社会、经济和生态效益。所以，花境绿化工程项目完成后应及时组织竣工验收[①]。

5.2 施工步骤

5.2.1 勘察现场

在领会了预期种植效果和设计意图后，施工者应对现场进行勘察。对现场的花境种植位置图及标示注记说明等结合实际仔细核对：主要看现场的地上设备、房屋、乔灌木等的数量和方位是否与施工图纸一致。如果不一致，看是否能对其进行调整；若调整不了，就应该与设计者进行沟通，对位置图进行修改。

5.2.2 苗木准备

苗木质量的好坏、规格大小会直接影响整体栽植的效果。因此，种植者应当到多家苗圃去号苗，依据设计要求的品种、数量、规格等严格挑选苗木，从而保障理想的栽植效果。

选择苗木的标准是：

（1）植株健康，株形匀称，没有病害和虫害。

（2）根系完整且发育良好，最好有较多的须根。

（3）枝条充实，没有机械损伤。

另外，拟采用的苗木数量应当比种植要求的用量多百分之十左右，以便作为种植中损坏苗木的补充。

---

① 梁伊任. 园林建设工程［M］. 北京：中国城市出版社，2000.

如果有些植物品种采集不到，或规格、质量无法达到设计要求，应该及时与设计者进行交流，可以挑选其他品种来替代，绝不能把个别品种空着或者随便拼凑，这样会大大影响花境整体的效果，图5-2为施工人员在准备种植的苗木。

图5-2　施工人员在准备种植的苗木

5.2.3　种植床的准备

种植床的准备是整个花境施工进程中最重要的工作内容之一。理想的土壤是花境种植成功的重要保证，清理土地的目的是让土壤尽早熟化，增加土壤的空隙度，以利于保墒和通气。

在种植前要根据种植地具体情况，制定适宜的办法，对其进行充分处理。首先，要处理土地中的各种杂物，包括影响种植的杂草、石块、残枝以及生活垃圾等。一些禾本科和旋花科植物是最顽固的杂草，因此必要时可以用广谱性的除草剂。使用除草剂最佳的时间为初夏时节，此时的杂草生长最为旺盛，使用除草剂除草可以达到事半功倍的效果。但是在种植床内应尽量避免除草剂的使用，免得对日后种植的植物产生副作用。

其次，应根据土壤的状况进行整地，如果土壤状况比较理想，则可以直接将地翻20～30厘米深；若土壤板结，则需要将土地进行一定深度的翻松，通常为55～65厘米的深度；对较大的土块应将其拍打成碎块；若有较多的石块应该对土壤进行过筛。

然后，充分施加富含有机物质的有机肥料，以提升土壤的肥沃程度、透气性、透水性，最后把土壤整理平坦。

为了使土壤有良好的排水性，一般对于岛式观赏花境或者两面观赏花境等应让花境种植床的四周略低于中部。有些观赏花境还应依据设计要求做一些微地形。比如，对于排水较差的种植床，可以用木条、石块等垒起高床做成台式花境来对其进行改善。

大多数情况下土壤状况都不会十分理想，但也不必担心，因为土壤的类型是可以采取一些措施来改变的。对于黏性土壤，可以通过施加沙土或大量腐熟的有机肥来改善土壤结构，加强其排水性；对于砂性土壤，可以施加有机肥来增加其保水能力和营养；对于酸性土壤可以用碱性土或石灰加以中和；对于碱性土壤可以施加有机肥来改变其酸碱度。对土壤的改良最好在秋季进行，这样有利于来年春季的栽植。植物栽培和土壤改良息息相关，这意味着土壤改良后可以种植的植物种类更多。不要忽视这些工作的效果，这些准备工作是需要投入一定工夫、劳力、物力的。因为这些看似平常的工作不仅能使植株更好发育，生长繁茂，而且在将来还会减少养护管理上的很多麻烦。

5.2.4　定点放线

施工的定点放线是指依据施工图纸按缩放大小放线于种植床的流程，图 5-3 为用白灰在种植床标出花境的轮廓。

图 5-3　用白灰在种植床标出花境的轮廓

花境植物大多为组团式种植，其种植边缘线的放样应根据施工图进行，可采取三点法、网格法进行放样。测量放线完成后可采用简单的替代物从不同角度观察并想象种植完后的整体形态是否美观等，并对其进行相应调整。

放线完成后宜先用盆苗按设计目标进行摆放，从而初步判断种植后苗木的效果，若不满意可对花境的线条轮廓进行调整：首先对种植床的具体位置就施工图纸中的位置进行确认，然后依据设计的种植施工图进行放样，先放样出种植床整体的线条形状，再具体确认到各个乔灌木、花卉品种的形状和大小范围。如果花境体量很大或者长轴较长的话，也可以将种植床分成几个段落或部分，分别对其进行放线，最后形成完整的花境。

5.2.5 起苗及运输

起苗是指把植物从苗床之中取出的过程。运输是指将苗木从一个地点运送到另外一个地点的过程。

对于宿根花卉的小苗，虽然一般不需要带土团，但要保证其有护心土，以免伤芽。起苗后要放置阴凉处，及时将其装入带有不同类型标记的运输筐及箱中，且及时运到已经平整完的种植施工地点中。起苗的深度要以不伤花卉主根为原则，要视花卉的种类及根系的深浅来定。在花苗的运输过程之中，避免阳光暴晒，必须将花苗覆盖，同时要不断地进行喷水，防止苗根干枯。苗子多时，须注意疏散开来，以免闷到发热发霉。

宿根花卉起苗，从苗床之中起出的宿根花卉可以分成裸根苗和带土球苗。

对于较小的苗子，适宜在春、秋等季节起苗，多数的宿根花卉都可以起裸根苗。起裸根苗时，先用小铲子将苗木带上土球块一起刨起，然后轻缓地把苗木根群随带着的碎土块抖下，要尽量防止根系部损伤或者把细根部抖断。将裸根苗中枝叶及根系理顺后依次码在屉中，以便于搬运和运输。

若宿根花卉相对较大（高度超过了30厘米），而天气又比较干燥炎热，并且要求种植效果在短期就得到一定的花境效果时，应运用带土块进行栽植的方法。起带土球苗木的方法：先在植株的四周用铲子切出一定深度，仅让花苗根系的底部土壤相连接，然后从侧面用力进行深铲，使植株连土铲出，要注意避免使花卉土块破碎。最好将带土的球苗临时放入花盆或营养钵中，或者用无纺布等包裹土球，一方面可以维持土壤的湿度，另一方面也能够避免植株在运输的过程之中造成土球破碎从而损伤根系。

起苗的时间则要依据宿根花卉的种类来定，总的来说，起苗时间越早则植株越小，相应就越省工；缓苗和栽植也比较容易，成活率高。但若植株过小，其在外界环境中生存的能力就越弱，会造成管理上的困难，难以成活。根据实际经验，宿根花卉在株高为10～15厘米时，其起苗的效果最为理想，若植株高于15厘米，则可以对其进行适当的修剪，将其保留在 15 厘米左右的高度。

相对于较大的植株或季节不适宜种植的状况下，可以提前一段时间将植株起出；然后栽进花盆之中，同时采取遮阴、浇水等措施进行缓苗，以保障种植后的效果。

乔灌木通常在花境之中所占比例并不大，但对整个花境的轮廓和结构都会产生影响。对比宿根花卉，乔灌木起苗的技术要复杂得多。乔灌木起苗后要及时做好标记，并将苗木装上车，及时运到施工现场。

装载并运输高大苗木要将其倾斜或者水平安放，苗木根部要指向运输车的前面，若带土球的乔灌苗木中的土球块小于 30 厘米时可分两层排放整齐，注意要将土球垫住稳定；若土球较大时，每棵苗木紧邻排放并合拢固定。苗木在装运时，凡是与绑好的乔灌木、运输装载工具相碰触的部位，都要用草席进行衬托和铺垫，以防损坏苗木。苗木在装载与卸运中要做到轻装轻卸，并按照预定的顺序进行搬动迁移，不能进行抽拉拖曳。在苗木装卸时，相关技术负责人要到现场进行指挥，以防止机械吊装碰断杆线等事故的发生，同时还需注意人身安全，图 5-4 为运输到现场的种植花卉。

图 5-4 运输到现场的种植花卉

树苗起出后要在最短的时间内运到施工现场，坚持随时起苗、随时装运、随时栽植的准则。在进行装载苗木前要核对树种数量和大小，凡是与种植要求不一致的应将其更改调换。对于有些裸根苗需要长时间运送时，可采用泥浆把苗木根系部沾上且铺上含水分的湿草，然后进行固定并包好。还需要用绳索将全部装车后的苗木进行绑扎固定，以防在运输中产生摇摆晃动，可以用草席等来覆盖苗木，以便挡风遮光，且要防止苗木发霉而腐烂或者被风吹干，从而在物理上减少对苗木的破坏。其次运输中应保持一定的车速，以避免因风吹和颠簸而损伤植株的花朵和枝叶 ①。

5.2.6　苗木栽植

栽植前要根据设计图纸认真核对苗木种类、数量、规格及位置等，图 5-5 为施工人员在种植各组团的植物。

图 5-5　施工人员在种植各组团的植物

对于花境中植物栽植的方法和时间因为植物的类型不同也有所不同：

1. 宿根花卉栽植

从地里起出的宿根花卉小苗，要尽量做到随移随栽。有的宿根花卉能直接播种繁殖，但多数情况下，都需要栽植幼苗。每株花苗至少要有 3 ～ 5 个芽，栽植时可以适当密些，若都成活，以后随着其生长情况来间苗。间苗时先挖苗坑，苗坑的大小、深度依花卉的种类和苗株的大小、根系长短来定，一般要以舒展主根作为原则，注意把苗放端正，并把根展开然后再覆土，并及时将其踏实。

---

① 郭爱云. 园林工程施工技术［M］. 武汉：华中科技大学出版社，2012.

在栽植宿根花卉裸根苗时，要将根系尽量伸展在种植穴当中，然后将土覆盖均匀，一边覆土一边压实，使花卉根系与土壤之间紧密接触。栽植深度要保持其原来在苗床之中的高度。

栽植带土球苗时，把土球小心地从临时的花盆或营养钵中取出，直立地放在种植穴之中，让土球底部和栽植穴底部稳定接触，土球块表面要与栽植穴表面在同一平面上。然后在土球与种植穴的空隙处填入土壤，并从四周向中间缓慢填压，避免把土球压碎。

有些多年生的花卉可以结合分株进行移栽，此时应把大型株从土壤中挖出，小心地理顺其根部，用铲子或手将其分成大小相近的几个部分，然后立即对其栽植。

宿根花卉定植后的日常管理也十分重要，在某种状况下，管理的好坏是宿根花卉能否展示其应有观赏效果的关键环节 [①]。

2．球根花卉的栽植

球根花卉一般状态下直立生长，植株较为矮小，占地也少，并且生长速度快，所以可以尽量密植。即小型球根株中的行距一般为 5～10 厘米，大型的球根一般在 15 厘米左右。对于种植深度要根据球根的体积、气候条件及种植土壤决定，一般小型球根花卉栽种的种植穴深度为其本身高度的二到三倍，对于体型较大的球根花卉，种植穴则稍浅，应使球根颈部与土面相持平，或稍微高于土面。另外，栽植土质与种植深度也有关系，对于沙质土壤可相对深些，土壤黏重时应浅些。在气候严寒和酷热的地区种植宜深，在温和地区种植则宜浅；强风地区种植要深，弱风或无风地区种植要浅。

植球根花卉时，大球与小球要注意分别栽植，避免由于养分不均衡从而造成不良影响。多数球根花卉，吸收养分和水分的根系相对较少并且脆嫩，且碰断之后不能再生出新根，所以球根花卉在生长期间不可以对其移植。栽植球根花卉后应立即对残花进行剪除，不使其结实，减少养分的消耗，促使新球发育充实。如要专门进行球根生产栽培时，在见花蕾发生时即要除去，不使其生长开花，以保证新球生长的养分供应。

3．一两年生花卉栽植

一两年生花卉的栽植时间要依据实际布置的应用时间来进行确定，一般在布置应用时间的前 5 天左右进行栽植。目前在园林绿化栽植中，所用花苗基本上都是成品开花植株，所以要提前育苗。一两年生花卉一般情况下有两种栽植方式：露地直播和育苗移植。露地直播即是直接播种在应用花坛或地块之中，以后进行间苗、补苗和定苗便可，不再进行移植。对于一些直根性的花卉，不耐移植，故这类花卉宜采用此方法，比如虞美人、茑萝、香豌豆、牵牛、地肤、花菱草等。如播种苗的子叶发生之后，则可进行第一次间苗，即选优除劣。选取强健苗，拔去生长柔弱及畸形苗，以防幼苗之间拥挤，从而扩大间距，促使空气流通，光照充足，有利于生长。间苗还可以

---

① 杜莹秋. 宿根花卉的栽培与应用［M］. 北京：中国林业出版社，1990.

减少病虫害及具有除草的功能，可分为数次，在土壤灌溉湿润后进行，最后一次的间苗称为定苗。对于一些自播能力强的一两年生花卉也可进行直播。

4. 观赏草的栽植

早春是暖季型观赏草种植的合适时间，而对于冷季型观赏草则可以在任何时候进行种植，但早春最为适宜。

在种植观赏草之前，一定要将种植区内的其他杂草清除。相对小的植株而言，观赏草之间种植距离为30～80厘米，相对高大的植株则为120～150厘米。虽然该间距种植初期表现得较为稀疏，但观赏草扩张得很快。如果希望在一开始就能获得较好的观赏效果，则可以将其种植得密一些，而后对其进行间苗。

一般将观赏草苗种栽于盆内，在移出盆之前，要给其浇水，随后将它从花盆之中移出，把根球放在种植地提前挖好的坑内，且坑要足够深，以保证根茎和地表面一样平整。如果观赏草为裸根的状态，则要先在栽种穴积起一个小土坡，在坡顶将根茎放入，然后均匀地伸开根系部。随后，加土直至充满根系部，平整土壤，然后进行浇水，让水充分浸泡土壤达数分钟，再用土将坑填满并且浇水。种植完毕后，在植株周围加上3～5厘米厚的覆盖物，注意不可紧挨着根茎堆放，要留有足够空间以便于空气流通，否则根基会过度潮湿而导致腐烂。

观赏草分株时，需要将母株挖起，在根部将植株分成2～3份，然后再重新进行种植。对于大型观赏草，采用结实、锋利的工具，沿着观赏草的周围切挖出分株株丛，并将它们重新进行种植，较大的分株株丛便可以很快地重新形成新景观。对于母株仍然让它留在原地，并要用新鲜的土壤填充挖开的洞口。

5. 乔灌木的栽植

一般来说，花境中所运用的乔灌木并不多，规格往往也不是很大。对乔灌木移植最好在其休眠期进行，具体的时间还要根据树种的情况而定。对多数乔灌木来说，须尽量在树木未发芽之前进行栽种。华南地区2月下旬至4月中旬都非常适合乔灌木及常绿树的栽植。当然秋季也是理想的栽植时期，随着气温的下降，植株的蒸腾作用会逐步减弱，生长也已基本停止，此时植株储存的营养会相对较为丰富，栽植之后其根系会有充分的恢复和生长时期，因此此时移栽成活率较高。但是对于北方，由于气候寒冷干燥，只有耐寒、耐旱且规格较大的苗木才适合秋栽。

栽植时要根据根系或土球的大小提前挖好种植穴。种植裸根苗木时应在种植穴底部堆出一个半圆形的土堆，放入苗木，填土至穴高的1/3时，轻轻地向上进行提苗，使得根截留的土壤从根隙之间自然地下落。这样可使得根系部得到疏松和伸展，同时让根系部与土壤相互严密碰上，然后继续填土到地表，最后将其踩实平整。在栽种带土球苗木时须先踩实穴底内的土壤，这样才能将带土球苗木放置在穴中，此时应防止苗木的不稳而造成倾斜。之后，分层进行填土，将其踩实即可。在填土时应该先把土壤上面的"熟土"填入，并且最大程度靠近其根系部位，然后才把深层土补满种植穴。熟土层能更快地帮助植株的根系部恢复状态，之后便可吸取生长养分，新根系很快就能生长发育出来。而填在土层表层的深层土也得以在较短的时间内进行风化熟化为熟土。

6. 盆栽花卉的栽植

一般一两年生草本花卉都是以盆栽的形式种植在苗圃中，有些宿根花卉也是盆栽，这样能省去起苗的工作。

盆栽花卉生长发育的关键基础条件就是培养土的质量。若培养土的性质优良，花卉的生长发育则强健、色泽亮丽饱和；反之则焦枯，影响整体的观赏效果，所以要注重培养土的选择与制作。

在上盆过程中，要注意花盆的高度与苗位的相对位置是否恰当。对于宿根类的花卉，栽培到花盆一段时间后，根系则会把整个花盆充满，无延伸扩展的空隙，或者培养土在花盆中经过植株吸收生长一段时间后，土壤排水透气性能变弱、养分不足时，就需要换盆移植。一般来说，换盆的次数越多，植株生长越健壮。

换盆时间多选择在秋季（此时植株生长发育缓慢）或者在初春（此时枝条还没有开始发芽）。若植株生长出花蕾时，切忌换盆。换盆前的一两天要先浇水一次，使盆土的情况不太干也不太湿[①]。

7. 背景植物的种植

若背景中的绿篱、蕨类植物和其他植物之间相隔一定的距离，那么不管是先栽种背景中的绿篱、蕨类植物或是其他植物，相互之间都不构成影响，若背景植物与其他植物相邻，则应该先种植背景植物，然后再种植其他植物，免得影响其他植物的种植。

绿篱在栽植之前也要进行整地并对其施加底肥，然后再按照设计要求进行放线和挖种恤沟。且根据不同的植物种类确定要栽植的深度，一般在 30 ～ 50 厘米。深度则根据苗根的长度来定；种植沟宽按设计的要求及单双行来定。绿篱沟槽的挖掘需要沟壁垂直向下。沟底应疏松平整，不能出现圆底或尖底，且要拣出回填土壤中的石头、砖头、瓦砾、垃圾等杂物。

攀缘植物采用的是地栽形式种植，易于成活及生长。不同攀缘植物的生长高度不同，要根据墙面或者构筑物的高度来选取攀缘植物，以便达到最佳的花境绿化效果。在地栽种植时，种植带约为 50 厘米土层深度、50 ～ 100 厘米为宽度值，其根系与墙面的距离为 15 厘米，每株间的距离为 50 ～ 100 厘米比较恰当。对于容器（种植盆具或者槽具）栽植时，植株的间距则为 2 米，50 厘米为宽度值，60 厘米为高度值，为了排水透气，容器底需有孔洞。

为了能让墙面上的攀缘植物达到理想的效果，可以采用不显眼的材料，如木条、

[①] 广西课程教材发展中心，南宁市教育科学研究所. 花卉种植南宁版［M］. 南宁：广西教育出版社，2005：08.

绳索等拉成网格状使得植物铺满墙面，形成良好的景观背景。此外，对于花境中的攀缘植物，应该在植物栽植前将支架设置好，且支架应稳固、结实，以避免大风或雨水冲刷而发生倒塌。

8. 植物栽植后调整

花境（尤其对于较为复杂的花境）在大致的种植完工后，可能会有不尽如人意的地方，有时候需调整某个区域的植株，甚至可能要对其大面积调整，在调整时应注意避免破坏植物根系，以保证植物的成活率。种植者应注意培养植物形态及色彩的空间想象能力，以减少不必要的浪费及返工。图5-6为基本种植好的初步花境效果。

图 5-6　基本种植好的初步花境效果

花境的整体性、层次、空间感等各方面都需要后期的调配才能体现出来。在后期调整中应尽量减少大面积苗木的调配，返工的后果很可能会造成苗木的死亡，从而浪费人力、财力。

5.2.7　饰边的施工

饰边的施工分为以下两种情况：

一种为需要做地基的饰边。对于这种情况，应在整理种植床的时候，就把花境饰边的地基以及向着种植床饰边的一面做好。常见的有用护栏饰边、砖石饰边、石条饰边等，要求耐用、坚固，一般适用于公园、公共场所等处的花境。坚固的基础或者碎石层是砖石饰边以及石条饰边的基层，通常是以压裂压碎、厚度是 10 米的碎石作为基石，在其上铺厚 1 厘米左右的沙层，在砖石之间则填入细沙或碎石。否则，易造成饰边松动甚至下沉。

　　另一种为无需做地基的饰边。这种可以在花境的苗木种植好后才进行施工。比如用卵石或者石片堆砌而成的装饰性饰边，只需要摆放在花境的边缘，或者浅浅地埋在土里便可，较为适合私家庭院等观赏性强的花境当中。

5.2.8　小品的设置

　　花境当中的小品，依照施工图纸的要求把其布置到准确的位置，且要在整理种植床的同时进行，避免在后面栽种植物时对施工造成影响。尤其是对于位置不变的花境小品，必须在栽种植物之前将其在相关位置布置好。而相对于位置能够变化的花境小品，则能够在定点放线的步骤中将其位置定好，在栽种植物后再把其放在花境之中。

　　小品的配置要坚固结实，以防在大风大雨等恶劣环境中造成歪斜或者崩塌，从而对花境中的植物造成损伤，影响花境的景观效果。例如，雕塑、艺术装置等大中型景观小品，应该挖具有足够深度的地基，且要用配重物加在基部上，以保证其稳定牢固[①]。

5.3　施工难点解决

　　花境是一种对自然植物小群体进行虚拟的景观，由于花境中每种植物的品种规格各异，设计的施工图纸与实地种植的各种因素有差距，因此要懂得灵活应变及掌握在实地施工种植的各种情况。施工进程中，设计人员应对全部过程进行监督，及时对设计中与实地情况不一致或有变化的地方进行调整，以确保花境按最初的设计意图进行施工，达到预期的花境效果。

5.4　混合花境的施工分析

　　由于混合花境植物非常丰富，不同品种之间的栽种位置也相当复杂，通常在施工图纸中无细致的说明，所以混合花境的施工种植比一般的单面花境、专类植物花境等

---

① 王俊祺. 景区内花境、花坛及摆花小品的应用［J］. 现代园艺，2014（20）：144.

的施工种植要精准明确得多，施工困难大。而且植株苗木在栽种当中需要根据现场的实际情况发挥，不具有相同的性质产生，所以种植施工者必须对施工图纸和设计的预期要求进行详细的研读，才能在苗木种植时将设计的目标要求明确地表明出来，并且要对各种栽种植物的生长特性充分了解，这样才能达到预期的花境效果。同时，花境在种植后植物会不停产生变化，因此要事先思考植物 3～5 年的生长发育情况，并在施工时根据植物材料、规格预先留好植物的生长发育空间。对于混合花境的施工通常需依照下列次序。

（1）现场勘察及苗木准备。施工前应先到施工现场进行踏勘了解，熟悉环境情况，并依照实地的主题和花境景观实质以及气候、地理位置的条件，选取合适的苗木种类；用心核对现场的地面设施、房屋建筑、已有植物等的大小体量和相关位置等，将一些对施工造成影响的要素进行早期安排及调整。依照设计目标，准备好相应的种植苗木，对品种要求、大小标准、健朗情况、株型等方面严格把关。

（2）种植床的筹备要依照施工图纸结合现场实地放样，把种植床及土层的种植坡度整理到位，若土壤需改良则要施足基本的肥料以保证有充足的养分。虽然许多的宿根植物都可以在干旱贫瘠的条件中生存。但肥沃、疏松、排水透气性良好的种植土可以使苗木尽情地生长发育，达到最佳的状态。所以在施工前期应对种植土进行细致的改善调整。

（3）定点放线是指根据设计图纸按相应比例放样于地面的过程。依照设计目标的花境位置图来对种植床的明确位置进行确认，如与周围环境有冲突的地方，设计工作者可以在实地当中做出适当的调整。然后依照种植的平面图进行定位放线，首先要把整体的花境线框轮廓标出，然后把每类植物品种的形状以及大小范围整体标出。

（4）确定种植密度，参照植物的成型规格、体量定制出适宜的栽种密度，要详细了解并熟悉每种植物的生长特性，依据其生长发育速度以及形体的延生空间，预先留出足够的生长空间。在种植初期间距不能过密，否则植物在生长成型后会相互拥挤，影响植株的开花效果；再者若种植密度高，在高湿度的情况下则很容易导致空气在植株间难以流通，引起植物的发霉、腐烂从而导致死亡。如果在种植初期植物在土壤表面不想过多裸露的话，可以选用一些鹅卵石、树皮、沙砾等物体来对土壤进行覆盖，这样能增加自然生态的气息，在花境中可达到整洁美观的效果，又能维持土壤中的养分、水分。

（5）品种搭配，混合花境对于植物品种搭配要掌握好整体的基调效果，防止品种过于繁杂。相邻之间的植物最好选择叶形、质地感觉、开花姿态、形状高低、颜色差异较大的种类，形成对比，增加花境的观赏效果。对于一两年生花卉与木本植物等的植物品种之间要有互补，让花境景观在四季变化多样，拥有不同观赏特性。

要注意防止花境施工与设计目标之间衔接不当的情况。若设计要求种植的植物品种还没有满足出苗的程度而需临时更改其他品种，此时则不能随便地选择其他品种，应最大限度地选取和原定品种相类似的植物品种，减少对整个设计基调的破坏。

总之，只有周全的考虑和精心种植，才能将设计者的意图完美地表现出来，最终达到理想的效果。

第6章 华南地区花境养护要点

当一个美丽的花境建成后，如何让它保持最好的状态？显而易见，离不开细致的养护管理。花境基本由多种观赏植物组成，不同种类的植物对外部环境的要求不同，有的植物喜阳，有的植物喜阴；有的植物要求沃土，有的喜欢瘠薄的土壤；有的喜湿，有的喜干。这就要求养护人员在养护管理的时候，详细了解花境植物的特性，然后选定适合的养护管理方案，从而达到光、热、水、肥的平衡。一般来说，草本类植物相比于木本类植物需要更多的照料，因为草本类的植物对外部环境更加敏感，还需要清除残花、补充肥料等；而木本类植物往往只要修剪，使其在数年内保持比较好的状态即可。

6.1 花境养护管理

6.1.1 花境养护管理的重要性

所谓"花境"，是模仿自然环境中植物自然生长的规律，采用艺术的造景手法，选用多种多年生花卉和灌木等植物为原材料，自然式种植在林缘、路畔、草坪、水旁等重要位置的园林景观造景形式。[1] 花境是一种人为建造的植物群，我们在设计中要考虑各个种类植物的生长习性、植物群落的生长规律、花境与环境之间的联系，但由于城市绿地的环境大多与植物原生的环境不尽相同，因此在其中生存的植物群落要依靠人的帮助才能达到设计者的意图，通过良好的养护管理既可以补充开始种植时条件的不足，又能持续保持花境植物独特的绿地景观。所以，花境养护管理的重要性就不言而喻了。

花境中植物的整体外观和季相的变化是养护管理的要点。根据多年的实践经验，花境的养护管理应特别注意的是初建花境的完整性、适当的调整以及养护措施。花境植物种类比较多，但很多花境的设计太过粗糙，一些施工图没有细致的花境设计，还有一些设计者对植物特性了解不够，再加上苗木的生产及供应还不够完善等原因，初建花境的观赏效果往往不能如愿，所以在养护管理的初期就必须采取一定的方法来完

---

[1] 徐峥. 花境的养护管理 [J]. 花卉园艺，2014（12）：1.

善花境的植物景观。首先对外观不好的花境做再次设计，对个别的植物种类进行间苗或补苗的整理，视花境的情况可以对一些不合适的植株重新调整，并选定比较适宜的养护计划。在花境养护中，如植物的施肥、枝条的修剪和防治病虫害等工作也极其重要，但是这些办法主要是针对植株本身，所以必须从如何整合整个植物群落进行思考。

通过以上养护管理方法来表现花境植物的季相变化，渲染特定季节的氛围并且制造优美的景观特色。例如，春意盎然、佳果丰硕、满枝繁花、叶色转黄等效果应该平衡地融入花境景观中。所以对花境的养护管理是在保证花境植物群落季相变化的基础上，对不同种类花境植物采用具有针对性的养护管理办法。

6.1.2 花境植物养护要点

我国目前用来制作花境的植物种类有很多，不同种类的植物，其养护要点也不同：

1. 多年生花卉

这类植物有宿根（球根）花卉，花卉地上组织部分半年枯萎或者一年枯萎，而地下根系部分则可以存活多年，在植物新老更替后可以持续多年生长。这类植物大多数具有耐干旱和耐土壤贫瘠、病虫害的发生比较少、群体功能较强等优点，成为花境中的重要角色。但要使花期不同的各种多年生花卉在一年中不同时期不断开花，且从整体的颜色、植株个数和植株高度等都能使花境显得和谐的话，养护管理是必不可少的。除了一般的养护管理外，还要做到：

（1）及时修剪。修剪是植株栽培过程中技术性较高的操作，修剪植物的形状以便达到更好的景观效果，同时通过修剪多余的枝条减少植物的养分消耗，从而促进花卉生长。

（2）要做好植物的分株，重新进行种植。平常的宿根花卉植物在重新种植之后，再经过正常生长，第一年花形较大，但数量比较少，第二年开始花形饱满、匀称，从第三年开始花卉数量虽然多，但是花形会较之前小些，第四年之后就会越来越小，所以每三年作为一个种植周期，在适宜的时候对宿根花卉植物进行分株重植。

2. 亚灌木和灌木

亚灌木和灌木除了用来观赏外，还可作为环境区域中的隔断等，所以要适当地控制树木形状，主要通过在冬天修剪来把控树木的形状，同时采取一定措施抑制树木的生长。对一些春季和夏季开花的花灌木应该做好开花之后的修剪。

3. 观赏草

观赏草的植物特性与其他品种的植物有非常明显的区别，是花境一个重要的组成部分。观赏草能够在不同的自然环境中生长，植物根系非常发达，耐旱能力极强，生长比较快、容易成活，只要很少的养护管理就可以获得动感美及韵律美，所以在一般养护中基本不需要浇水和施肥，可视不同种类的生长状态进行松土和切边，每年冬季或初春刈割地上植株促使其萌发新的植株，并根据植株的生长状况以 3～5 年为一个周期做好分株。

4. 部分生长态势较强的植物

近年的花境设计中采用不少外来花卉植物，一些品种在引种的地方表现出很好的生长情况，任由其生长的话必定会使邻近的其他植物受到影响，严重影响花境景观效果；此外，以往的资料显示花卉植物在引种之后成为侵入植物的案例也不在少数，所以必须对容易侵扰其他植物和有逸生态势的植物品种用松土切边等方法把控植物的生长空间，同时也可在种植区边缘挖一条沟，埋入石头、金属条等对植物进行隔离，这样既可以使这类植物有一定的空间生长，也可以防止逸生，确保花境的观赏效果。

6.2 花境养护的主要内容

养护工作，对一个花境来说，一般包括以下几项重要内容。

6.2.1 浇水

浇水（见图6-1）是指人为地为花境中的植物补充水分的行为。

图6-1 给花境植物浇水

图片来源：晋城市文明办

植物种植完成后，前向浇水对植物来说非常重要，一般应该浇三次湿透的水：种植完成之后开始马上浇第一次，跟着第 2～3 天后浇第二次，到第 5 天后浇第三次，每次都要将水浇透。在平常，浇水的时间以及次数依据天气状况的不同而不同，用手指插入土地里，若表面的土壤已经干燥的话，那么就要进行浇水了，如果发现植物有萎蔫的现象也说明开始缺水了。大多数植物都会在移植初期需水量较大，而在植物正常生长的时候，土壤只需保持湿润即可。一般在夏季或者气候干燥多风的时候需要多浇水，在寒冷地区，上冻前要浇足够的冻水，这样利于植株安全越冬。

为花境中植物浇水的办法有很多，最常见的是用水管进行浇灌。有条件可以用喷灌设施以及滴灌等方式，虽然这样成本高，但比使用水管更均匀、更省水，同时还能节约人力，是比较理想的浇水方式。

在花卉种植之后，应该及时浇足水分直到土壤里的水分饱和，浇水的时候避免使用皮管去猛冲，应该装上喷头，减少水对土壤的冲击，特别是对裸根小苗，很容易造成根系暴露在土表从而影响成活率；即便是带土球的花卉，也一样会被水冲得东倒西歪，而且已经开花的花枝、花朵也容易被折断，同时要避免叶片以及花朵，特别是草本花卉花朵被土壤弄脏，从而减少细菌的侵染。

6.2.2　施肥

施肥（见图 6-2）是指为了使土壤性质改变和土壤营养提高而在土壤中添加植物需要的养分的行为。

图 6-2　养护工人在施肥

图片来源：潮州日报

氮、钾、磷是植物生长所需要的最基本营养元素。氮可以促进植物的生长，增大叶面积，增加叶片所需叶绿素以及蛋白质，还可以增加光合作用效果；磷能促进植株的生长和发育，可以使植株抗病、抗寒等能力提高；钾可以使植株的光合作用得到增强，从而影响植物体内营养代谢以及生物合成，在光照不足的区域，施加钾肥有补偿效果。另外，还有一些其他的微量元素，如锌、铁、锰、锢等，虽然在植株体内的含量非常少，但是作用也极其重要。施肥前应该通过土壤分析或者叶片分析，以确定土壤的营养状况和植物的营养状况，由此选用相应的肥料种类和施肥量。

对土壤施肥时要依据土壤状况进行：黏性土壤团粒结构比较差，但是保水保肥能力好，不容易渗漏，应该采取深施；相反，砂质土壤保水保肥性能差，应浅施。不同品种的植物对肥料需求也有所不同：宿根花卉在定植或者更新时要施足基肥，多采用有机肥进行沟施，同时在生长期适当追肥；球根花卉在定植前一定要施足基肥，特别是钾肥，这样有利于营养器官储藏营养；一年生花卉在施放基肥后，在幼苗期应该施氮肥，生长期应该多施磷、钾肥，在植物开花前停止施肥。在混合花境中，由于植物种类较多，可以在准备种植床时施足基肥，然后再根据情况追肥。正常情况下，多数花卉都能够生长良好，以后每年春季的时候只需施放一些缓效的平衡肥就可以了。施肥时要将肥料施在根部周围或者稍远、稍深一点的位置，这样有利于根系向深、广的方向扩展。

花境中的乔木以及灌木，除了土壤的正常供给之外，基本不需要特别的营养以及肥料。当然，若在花床中加入一些有机物或者缓效肥，它们也会从中受益。

6.2.3　除草

除草（见图6-3）是指除去杂草植物的过程。

图6-3　养护工人在除草

清除杂草是花境养护管理中最费时间的事情。在花境种植之前尤其是在冬季，如果将圃地中的杂草清除干净，则为日后花境的管理和维护省去很多麻烦。每年的春季，宿根花卉刚刚开始发芽的时候或植株移栽前，也应该除去那些刚刚冒出来的杂草。在植物生长旺盛的夏季，应该定期清除杂草从而保持花境整洁，这个时期植物生长比较茂密，用工具除草可能会伤害植物的茎秆，所以最好是用手工或者小花铲来清除杂草。在夏末秋初的时候更应该将多余杂草除净，避免其籽实落在花境中导致下一年工作量的增加。

对于这些令人烦恼的杂草，我们还可以使用草甘膦类除草剂。这种除草剂只会作用于植物组织而不会进入土壤，随后其成分很快会被分解，不会残留在土壤中损害其他植物，所以使用起来比较安全。既能够杀除多余的杂草，同样也可以保护花境中的植物，特别对于土壤里范围比较广的单子叶的杂草，精禾草克等除草剂（见图6-4）是其克星。

图 6-4　百草枯除草剂、草甘膦除草剂、精禾草克除草剂

图片来源：百度百科

6.2.4　修剪

修剪（见图6-5）是指对植物的一些器官，如枝、花、干、芽等进行剪裁或者剪除的操作。

图 6-5　修剪花境植物

对宿根花卉抑或是乔灌木的修剪是保持花境处于最佳状态的一项非常重要的养护工作。修剪并不是一件简单和轻松的工作，操作者需要掌握一定的技巧。对不同品种的植物，其修剪方法和作用也有所不同。正确的修剪操作方法对植物健康极其重要，修剪的切口应该是倾斜的，并位于一个能够成活的芽上方。落叶灌木每一年的修剪都掉落大约 1/3 的老枝，能够使其枝条在来年生长得更加茂密，然后开出更多花朵。但是需要注意的是，一些植物的切口处会流出汁液，有可能增加病虫害的发生概率。

总而言之，修剪是一项对技术要求比较高的工作，在方式上和修剪时期等要依据植物的生物特性、修剪日的天气状况、地区条件等情况综合而定，才能够达到预期的效果。

6.2.5　支撑

支撑是为了防止植物在大风或者暴雨之后倒伏而采取的一项防护措施。

花境中为了能达到比较好的视觉观赏效果，对一些植物经常会采用支撑的方法。植物本身是否需要支撑取决于植物的站立能力以及其景观位置。支撑使用的材料有细竹竿或者木棍等，当然也可以在植物幼苗时在植物的四周使用细绳子织成的网进行围绕，从而使植株能够透过网进行生长，成年后茂盛的枝叶就可以将网遮住，不用将此网拆除。用结实的自然树枝作支撑不仅效果很好，不影响观赏，而且节约成本。而对于幼小的乔木，则可以用木桩来支撑，在距离地面 30 厘米处用带子或者绳子将木桩和茎干连接。

另外，也可以去市场上购买比较专业的支架，这样既美观又牢固，但是成本会高一些。

6.2.6　病虫害防治

病虫害的侵袭会出现在植物的每一个生长时期，症状轻者可以使植物生长出现器官畸形和茎干枯等病症，症状重者会引起品种退化，甚至植株死亡，严重影响花境景观。

1. 病虫害的预防

花境的主要功能是用来观赏，一旦遭受病虫侵害会在不同程度上影响景观，而整治病虫害又非常麻烦，所以要做好预防措施来降低发生病虫害的概率。

预防植物病虫害发生的主要措施有：

（1）一定要选择一些具有抗性的植物品种，从根本上降低植物病虫害的发生，也能够降低治理病虫害所投入的人力物力等。

（2）要把土壤中的病毒和虫卵等杀灭掉，这就需要在植物种植前对土壤消毒，从源头上减少病虫害的可能。

（3）植物在良好的水分条件和土壤环境下以及合适的种植距离下，会苗壮成长，

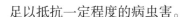

足以抵抗一定程度的病虫害。

（4）要时刻维持植物种植床的卫生，经常清走多余的残花落叶及其他杂物，可以防止植物病虫害的发生。

（5）对花境植物进行科学的配置，对具有转移寄主锈病的植物，如海棠等，应该避免和桧柏或其他柏树种植在一起，不然就会导致花卉发生木锈病。

（6）一定要严格检疫从别的区域引进来的植物，这样可以避免病虫害的发生。

2. 病虫害的治理

（1）生物治理方式。即利用有益生物或者其产品来治理病虫害的方法，优点是对人、植物以及其他生物大体无害，对环境也基本没有污染。常用的办法有运用害虫的天敌来进行治理，如用草蛉、瓢虫等来治理蚜虫可以获得很好的效果。

（2）物理治理方式。即利用物理的方式来治理病虫害，优点是非常简单易行，而且对环境基本没有影响。常用的办法是人工捕杀某些害虫的幼虫或卵块、利用害虫的趋光性来进行诱杀等。

（3）药剂治理方式。即通过化学药剂来治理病虫害的办法，优点是适用范围比较广，收效快而且显著。大面积发生病虫害之后，唯一有效的方法基本都是喷洒药剂。化学药剂依据治理的对象不同，可以分为杀虫剂、杀菌剂等，药剂的使用方法有喷粉、喷雾、熏蒸、土壤消毒等。

在使用药物进行防治的时候要注意操作方法和配置浓度的高低，不同植物和同种植物的不同生长期会对农药浓度要求不同，所以要区别对待。总体来说，植物生长的旺期，浓度可略高一点，发芽期以及幼苗期，浓度应该低些，植物开花期对农药较敏感，特别是大型花朵品种不宜使用喷洒的农药药剂。在喷洒农药时要均匀一致，以避免局部因为用药过多而出现药害，而有些地方则因为少药而没有起到杀虫效果。不应该在太阳曝晒、刮大风、有降雨时喷洒药剂。

花境一旦染上了病虫害，早期建议使用生物以及物理的办法进行治理，安全又环保。但是一旦发生很大面积的病虫害，就应立刻用药剂处理。

6.2.7　补栽及换花

有时候因为养护不慎或者人为破坏等原因造成植株枯死或者缺损的，应该及时进行补栽以及换花，保证花境整体景观的观赏效果。换花的时候应该先将死亡的植株进行清除，然后换上规格和品种一致的健康、新鲜的植株，令花境可以保持最佳的观赏效果。

另外，定期清理花境的边缘也是一项非常重要的养护管理措施，特别对于直接和草坪相接的花境，这样做的目的不仅可以有效地防止其他杂草的入侵，同时也可以预防一些繁殖能力极强的宿根花卉蔓延到草坪上。一般用铲子等工具下挖 8 ～ 10 厘米，清除边缘的杂草以及生长过旺的植物，使得花境边缘可以保持明确清晰的界限。

经常用水管去冲洗植株亦是很好的养护管理办法，具体的做法是在清晨时用水管对植物冲洗，选择在清晨是因为冲洗之后，白天的阳光会使停留在植株上的水分很快蒸发，可以保持植株健康、干燥，不然有些病菌会在气温凉爽又潮湿的环境下过夜，从中继续去危害植物。冲洗时一定要确保叶片的正面与背面都会被冲洗到，这样能够除掉很大一部分刺吸汁液的微小昆虫与病菌，同时还能够使整个花境保持整洁干净。

适时对土壤进行耕耘，可以增强土壤的透气性与透水性，使植物根部的呼吸顺畅，从而能很好地吸收营养、水分。松土不能太过深，不然很容易使根系受到损害。

还需要指出的是，对于养护工作最好要像常规工作一样去做，而不是隔了很长一段时间才突击一次。特别是像清除杂草这样的工作，若每周抽出一点点时间，要比一个月才去除一次省力、省时，也可以使花境保持更好的效果。

花境种植之后，理想的效果很难立刻达到或长期保持。这就要求我们要经常去观察记录各种花卉的生长状况、生物特性以及病虫害的情况，如果发现问题要及时进行处理。设计、施工与养护息息相关，任何一个环节出现了问题，都会使花境的观赏效果不理想。

结 语

　　花境最早在中世纪的英国起源，至今已经拥有上百年的历史。在花境的应用形式上，经历了从花结花园的一种镶边形式到独立的园林设计过程，如今的花境在全国各地都有了广泛的应用。笔者通过对不同国家和我国不同地区的优秀花境案例进行分析总结，以期将良好的设计经验为景观设计师们提供借鉴。如今城市快速发展，城市中钢筋混凝土高楼大厦鳞次栉比，人们越来越渴望见到自然的元素，花境因其丰富的植物应用、自然的设计构图、绚丽的色彩搭配而广受人们喜爱。花境非常适合在我国各地的城市绿地中应用，相较于花坛、花带、花丛等设计形式，花境有其独特的应用优势。如今我国越来越多的相关专业学者都开始积极地投入到花境研究中，各项花卉植物的引种培育工作也开展得如火如荼，未来的花境植物选材会更加丰富，越来越多的城市绿地设计都运用了花境这一元素，这些都为今后花境的发展奠定了坚实的基础。而在华南地区，景观设计师们应当重视本土特色花境的应用，打造独特的热带花境景观，本书中所列举推荐的花卉应用种类可以作为很好的参考案例。

　　现对未来的花境发展提出一些设想以及展望：

　　相较于有着上百年历史的英国花境，我国的花境应用起步较晚，在 2000 年以后才有较为显著的发展，目前国内相关设计理论研究还处于初期阶段，许多地区的花境设计还存在着不同的问题。例如，花境设计千篇一律，不能很好地结合当地的自然条件或文化特征打造具有地域识别性的花境作品，花境所使用的植物类型较为单一，尝试新植物品种的花境较少等。

　　在花境设计形式方面，应当大力推广混合花境，且要打造具有地方特色的花境景观。根据地方自然和文化特征设计花境的主题，以乡土花卉作为花境的主要植物材料。在形式上尽可能进行创新和突破。

　　在花境植物培育方面，我国今后应该更加重视野生花卉种类的培育，在全面倡导可持续发展的今天，低养护的花境类型成为大多数设计师追求的目标，因此野生花卉的应用可以大大降低后期的维护成本，让花境能够广泛出现在城市绿地中而不占用过多资源。另外，适当引进国外优秀花卉品种，这也是增加花卉植物种类的可行方式之一。想要有更完善更优秀的花境作品，我们还需要在花境理论研究及实践操作方面做更多的努力。

参考文献

［1］David Squire，Jane New Diek．The Scented Garden［M］．Emmaus，Pa：Rodale Press，1989.

［2］Caroline Boisset．Gardening in Time［M］．New York：Prentice Hall Pr，1990.

［3］Noel Kingsbury．Gardens by design［M］．Timber press，2005.

［4］Verey R.Classie Garden Design［M］．Great Britain：Viking Penguin，1984.

［5］中国大百科全书总编委会．中国大百科全书［M］．北京：中国大百科全书出版社，2009.

［6］北京林业大学园林系花卉科研组．花卉学［M］．北京：中国林业出版社，1990.

［7］吴涤新．花卉应用与设计［M］．北京：中国农业出版社，1999.

［8］（日）针之谷钟吉．西方造园变迁史：从伊甸园到天然公园［M］．北京：中国建筑工业出版社，2004.

［9］王美仙．花境起源及应用设计研究与实践［D］．北京林业大学，2009.

［10］徐冬梅，周立勋．花境在我国应用中存在的若干问题探析［J］．北方园艺，2003（4）：10-11.

［11］夏宜平，顾颖振，丁一．杭州园林花境应用与配置调查［J］．中国园林，2007（1）：89-94.

［12］陈志萍，夏宜平，闵炜，等．上海城市绿地花境应用现状调查研究［J］．江西科学，2006（6）：432-435.

［13］胡海波，祝遵陵，芦建国，等．区域花境景观的营建——南京雨花台区花境营建［J］．园林，2009（10）：26-27.

［14］苏雪痕．植物造景［M］．北京：中国林业出版社，1994.

［15］陆琦，郑洁．岭南园林石景［J］．南方建筑，2006（4）：9-14.

［16］顾小玲．景观植物配置设计［M］．上海：上海人民美术出版社，2008.

［17］晏忠，蔡如．浅析晚清岭南园林植物景观［J］．南方建筑，2011（3）：48-51.

［18］董丽．园林花卉应用设计［M］．北京：中国林业出版社，2003.

［19］葛霞，胡再清，蔡玲玲，肖军．花境在南京开发区园林中的应用［J］．中国花卉园艺，2007（23）：30.

［20］龚仲幸，章红，龚翟萍，陈丽庆．浅析花境植物材料及其应用［J］．安徽农业科学，2006，34（21）：5313-5314.

［21］顾顺仙．花境新优植物应用及养护［M］．上海：上海科学技术出版社，2005.

［22］顾颖振．花境的分析借鉴与应用实践研究——以杭州西湖风景区为例［D］．杭州：浙江大学，2006.

［23］戚嘉敏，徐佳琦，朱雯，等．广州市观果树木资源现状及其园林应用［J］．林业与环境科学，2016，32（1）：51-55.

［24］张芬．珠三角地区观叶花境的配置研究［D］．广州：仲恺农业工程学院，2013.

［25］杨秀丽．花境在岭南地区的设计应用研究［D］．福州：福建农林大学，2013.

［26］吴大荣，瞿燕．浅谈岭南园林植物特色［J］．中国园林，2003，19（7）：70-73.

［27］王子尧，庄杭，刘阳．花境在园林植物造景中的应用探究［J］．现代园艺，2016（14）：124.

［28］夏宜平，叶乐，张璐，等．园林花境景观设计［M］．北京：化学工业出版社，2009.

［29］魏珏，朱仁员．论营建低成本维护花境［J］．现代农业科技，2009（1）：68-70.

［30］张美萍．长效型混合花境应用初探——以上海市闵行体育公园为例［J］．现代农业科技，2010（12）：210-211.

［31］（美）约翰·O.西蒙兹．景观设计学——场地规划与设计手册［M］．北京：中国建筑工业出版社，2009.

［32］广东省地方史志编纂委员会．广东省志总述［M］．广州：广东人民出版社，2004.

［33］谢晓蓉．岭南园林植物景观研究［D］．北京林业大学，2005.

［34］邢福武，周劲松，陈红锋．岭南园林植物的特点［J］．广东园林，2009（1）：27-28.

［35］广东省地方史志编纂委员会．广东省志·林业志［M］．广州：广东人民出版社，1998.

［36］（英）伯德．花境设计师［M］．周武忠，译．南京：东南大学出版社，2003.

［37］赵世伟，张佐双．园林植物景观设计与营造［M］．北京：中国城市出版社，2004.

［38］卢圣．图解园林植物造景与实例［M］．北京：化学工业出版社，2011.

［39］魏钰，张佐双．花境设计与应用大全［M］．北京：北京出版社，2006.

［40］夏宜平．园林花境景观设计［M］．北京：化学工业出版社，2009.

［41］英国皇家园艺学会．多年生园林花卉［M］．印丽萍，肖良，等译．北京：中国农业出版社，2003.

［42］余海珍．花境材料在丽水市园林景观中的应用分析［J］．现代园艺，2015（12）：105-106.

［43］余生．花境模式设计［J］．科技视界，2015（5）：61.

［44］张德舜，陈有民．北京山区野生花卉调查分析［J］．北京林业大学学报，1989，11（4）：80-87.

［45］倪黎．城市园林植物景观设计的色彩应用研究［D］．湖南：中南林业科技大学，2007.

［46］周厚高．彩色植物与景观［M］．武汉：华中科技大学出版社，2012.

［47］柴一新，祝宁，韩焕金．城市绿化树种的滞尘效应———以哈尔滨市为例［J］．应用生态学报，2002，13（9）：1121-1126.

［48］陈志萍，夏宜平，闵炜，等．上海城市绿地花境应用现状调查研究［J］．江西科学，2006，24（6）：432-434.

［49］林巧玲．花境在厦门园林中的应用［J］．亚热带植物科学，2006，35（4）：49-52.

［50］纪书琴．北京地区花境植物资源及其应用［J］．北京园林，2007，23（3）：20-23.

［51］徐冬梅，周立勋. 花境在我国应用中存在的若干问题探析［J］. 北方园艺，2003（4）：10–11.

［52］温国胜，杨京平，陈秋夏. 园林生态学［M］. 北京：化学工业出版社，2007.

［53］熊运梅. 提高校园绿地植物物种多样性策略［J］. 生物学通报，2005，40（7）：17–18.

［54］陈花香. 福建省花境植物资源及花境在园林绿地中的应用研究［D］. 福州：福建农林大学，2012.

［55］蔡望望. 上海街头绿地花境调查与设计策略研究［D］. 上海：上海交通大学，2014.

［56］毛泽霞. 南昌市花境植物应用与景观评价［D］. 南昌：江西农业大学，2012.

［57］马彦. 花境在长春市居住区植物造景中的应用研究［D］. 吉林：吉林农业大学，2012.

［58］郑国栋. 花境植物景观综合评价体系研究与应用——以北京市四季青镇为例［D］. 南京：南京林业大学，2008.

［59］赵灿. 花境在园林植物造景中的应用研究［D］. 北京：北京林业大学，2008.

［60］代维. 园林植物色彩应用研究［M］. 北京：北京林业大学，2007.

［61］邓志平，关俊杰，关学良. 花境设计浅析［J］. 农业科技与信息，2011（4）：26–28.

［62］袁娥. 师法自然，构筑美景——花境设计与营造［J］. 园林，2004（11）：28–29.